国家出版基金项目
NATIONAL PUBLICATION FOUNDATION

海洋部落

MARINE TRIBES

盖广生 ◎ 主编

文稿编撰 / 李晟恺

图片统筹 / 王 晓

中国海洋大学 出版社
CHINA OCEAN UNIVERSITY PRESS

中国海洋符号丛书

总 主 编　盖广生

学术顾问　曲金良

编委会

主　任　盖广生

副主任　杨立敏　曲金良　李夕聪　纪丽真

委　员（以姓氏笔画为序）

朱　柏　刘宗寅　纪玉洪　李学伦　李建筑　何国卫　赵成国
修　斌　徐永成　魏建功

总策划

杨立敏

执行策划

李夕聪　纪丽真　徐永成　王　晓　郑雪姣　王积庆　张跃飞
吴欣欣　邓志科　杨亦飞

写在前面

向海而立，洪涛浩荡，船开航兴，千帆竞进，一幅壮丽的海洋画卷跃入眼帘。

俯仰古今，从捕鱼拾贝、聊以果腹，到渔盐之利、舟楫之便，与海相依的族群，因海而生的习俗，我们的祖先与海洋结下不解之缘。

抚今追昔，贝丘遗址，海味浓郁；南海Ⅰ号，穿越古今。一把盐，可以引出背后的传奇；一艘船，可以展现先进的技术；一条丝路，可以沟通东西方文化……

中国海洋文明灿烂辉煌，中国海洋文化源远流长，中国海洋符号精彩纷呈。

本丛书上溯远古，下至清末，通过海洋部落、古港春秋、海盐传奇、古船扬帆、人文印记、海上丝路、勇者乐海，呈现积淀深厚的海洋符号。

海洋部落。勤劳智慧的人们谋海为生，在世代与海洋的互动中形成了独具族群特色的海洋信仰、风俗习惯。人们接受浩瀚大海的恩赐并与之和谐相处，创造了海神传说、渔家服饰、捕鱼习俗等海洋文化成果。

古港春秋。我国绵长的海岸线上，大小港口众多。历经沧桑的古港，见证了富有成效的中外交往历程；繁华忙碌的航线，展现了古代海洋经济的辉煌成就。

海盐传奇。悠久的盐区盐场历史、可煎可晒的制盐工艺、传奇的盐商故事、丰富的盐业遗产，成就了海盐这一特殊的海洋符号。阅读海盐传奇，一窥海盐业发展的轨迹，明晰海盐文化的脉络，感知海盐与人类生存的息息相关。

古船扬帆。没有船舶与航海，中国历史上就不会有徐福东渡和郑和下西洋，也不会有惊心动魄的海战，更不会有繁盛的海上丝路。回望文献中的海船、绘画中的海船、出水的海船遗物，探寻古代造船与航海的发展轨迹，回味曾经辉煌的历史。

人文印记。历史长河中，中华民族以海为伴，与海洋相互作用，留下许多珍贵的海洋文化遗产。以沿海城市为基点，与海洋相关的历史地理、神话传说、景观习俗等，经久不息，流传至今。

海上丝路。先民搭起木船、扯起风帆，开辟海上丝路。南海航线、东海航线，航路不断拓展。徐福东渡、遣唐使来华，中外人士相互交流。丝绸、瓷器、茶叶，中华瑰宝随船西行。玉米、辣椒、香料，舶来品影响华夏生活。"一带一路"，续写丝路新篇。

勇者乐海。读史品人，以古鉴今。随着早期海洋意识的觉醒，我国历史上的"乐海勇者"，巡海拓疆，东渡传法，谋海兴邦，捍卫海疆。他们不畏艰险，勇于探索，开拓进取，弘扬了中华民族的海洋精神，唤起了全社会的海洋意识，建设海洋强国的宏伟目标因而得以逐步实现。

中国海洋文化既富独特性，又具包容性，不仅是中国文化不可分割的部分，也是世界海洋文化的重要组成。中国拥有怎样的海洋文化，孕育出了哪些海洋符号，从中能探索到哪些海洋文化精神？这套书会带给你启迪。

好吧，来一次走近中国海洋符号、探寻中国海洋文化的精神之旅吧！

前 言

　　海洋部落，缘海而居，独成一方。

　　在与海洋相遇、相识、相知的漫长岁月里，海洋部落从大海里汲取生活所需，这是它独特的生存之道。海洋部落将其逐渐演化成一套与海洋息息相关的生产生活方式，这既是智慧，也是一种幸运。那一方海水，孕育了一方渔民，更孕育了丰富的海洋习俗，使海洋部落独具魅力。这些成为海洋文化的重要组成部分，得以传承，令人叹为观止。

　　海洋部落的文化魅力，体现在其海味十足的穿戴风格、以鱼为天的饮食习惯、泛舟海上的居住特色、祭祀海神的信仰仪式、渔歌号子的生产节奏等，恰有一种人海和谐的意蕴。

　　走近海洋部落，在辽津地区了解悠久的渔猎习俗，感受渔民勇猛豪爽的品性；在齐鲁地区感悟动人的海洋神话，认识神秘隆重的祭海仪式；在江浙地区见识得天独厚的海洋物产，体会千姿百态的渔俗特色；在闽台地区了解身着异服的贤德女性，熟悉疍民及飞鱼部落；在琼粤地区感受国之南疆的民族风情，体验独特传奇的海岛文化。

　　辽远开阔的疆域，孕育了海洋部落遗世独立的性格；海洋文化的洗礼，造就了海洋族群勇敢豪情的品性。他们依海而居，以海为生，怀着对浩瀚大海的敬畏，怀着对美好生活的期盼，与海风相伴，与海浪共舞，用辛勤劳动去拼搏，去收获，期盼和行动积淀成海洋部落的文化特质。

　　海洋部落地处海疆之胜，得享物阜之美。他们生活简单而质朴，温情又自在。翻开本书。让我们一起走近他们，从他们那里汲取生活的智慧。

渔猎黄渤，勇猛豪爽——辽津篇

祭海敬祖，耕海牧渔——齐鲁篇

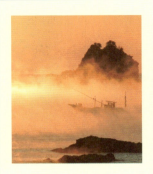

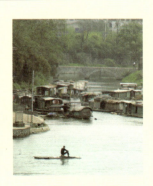

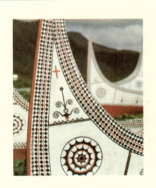

海之船

渔猎黄渤，勇猛豪爽
辽津篇

　　辽津地区，环绕黄渤海，岛礁群集，海岸曲折，东望朝鲜半岛和日本列岛，历史悠久，数千年前已有先民从事渔猎活动。长山群岛渔民，传诵着与海洋息息相关的故事传说，严守着行船打鱼中约定俗成的规矩，卧听潮音澎湃，坐享海鲜美味；秦皇岛渔民，居于万里长城与万里海疆的交汇处，历经千年风雨洗礼，形成海陆交汇的独特历史文化底蕴；北塘渔民，临河面海，自古兼得渔盐漕运之利，富庶一方。历史上，辽津地区的渔民敢于冒险，勇于拼搏，在世世代代与海洋打交道的过程中积淀出勇猛豪爽的品性。

海岛风情，渔家风味——
长山群岛渔民

　　浩瀚无垠的碧海上，长山群岛宛若玉垒，犹如画屏。这里岛屿群集，峦壑起伏，灌木葱郁。曲折的海湾、瑰丽的岬角、奇异的礁石、仪态万千的海蚀地貌和金子般的沙滩，构成了异彩纷呈的海岛风光。此际繁衍生息的海岛渔民，卧听潮音澎湃，坐享海鲜美味，恍若画中人……

长山群岛风光

长山群岛，又称长山列岛，位于辽东半岛东南端，横跨黄海北部海域，东与朝鲜半岛和日本列岛相望，西南与庙岛列岛、山东半岛相对，包括大小岛屿50多个，陆地总面积近200平方千米，海域面积7000多平方千米。

从地理分布上看，长山群岛主要由外长山群岛、里长山群岛和石城列岛三大部分组成。其中，外长山群岛主要由海洋岛、獐子岛、褡裢岛、南坨子岛、大耗子岛及小耗子岛等几个小岛组成，呈东西排列，群岛内海岸曲折，山势高峻挺拔，随处可见悬崖峭壁；里长山群岛包括大长山岛、小长山岛、广鹿岛及葫芦岛，与外长山群岛不同，其山势较为低缓，滩涂面积广阔；而北部的石城列岛则主要包含大土家岛、长坨子岛、寿龙岛及石城岛等。

长山群岛有着独特的自然景观和别样的海洋风情。石城岛上的银窝砂砾闪闪、礁体林立，奇穴异洞比比皆是，被誉为"海岛小桂林"。獐子岛上青翠葱绿，被称为"黄海聚宝盆"。长山岛内的海蚀洞、海蚀桥、海蚀柱千姿百态，异常壮观，有"万年船""美人礁"等代表性海蚀景观。小长山岛

上灌木丛生，东部海面常有海雾缭绕，令人心驰神往。广鹿岛的老铁山"仙人洞"四周险峻清幽，睹之令人惊心动魄。海洋岛的"哭娘顶"，是眺望大海的理想之地，而太平湾内碧水山影，更是给人留下无限的遐想。长山群岛优越的海洋环境，孕育了丰富的自然资源。海域内有鱼虾百种以上，其中产量较大的有鳃鱼、鲐鱼、青鱼、黄鱼、黑鱼、牙片鱼、牡蛎等。海参、鲍鱼、干贝、对虾是长山群岛的四大海珍特产，闻名国内外。近年来，当地渔民大力发展海带和贻贝等近海养殖，水产品总产量位于全国前列。

小长山岛一角

　　"山拥连城，海开天堑。林标彩帜，涛震惊鼙。前列着獐子岛、石城岛，高拱藩篱；侧连着广鹿岛、皇城岛，遥联臂指。飞泉甘冽，何愁斥卤难飧；广野膏腴，最喜耰锄可运。正是天为中国添雄镇，地控华夷作远图。"这是文人对长山群岛自然景色的生动描写。优美的自然环境和丰富的海洋资源是长山群岛最大的财富，而几千年来渔民创造的海洋文化亦是中华海洋文明中熠熠生辉的珍宝。

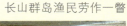

长山群岛渔民劳作一瞥

张果老画像

海岛传奇故事多

长山群岛历史悠久，早在6000年前就有先民在此从事渔猎活动，这里流传着许多传说故事。这些传说与海岛息息相关，岛民代代口耳相传，丰富了他们的精神生活。

"长山群岛驴当表"，这是群岛传说中流传最广的故事。相传有一天，八仙之一的张果老来到了海洋岛。当时虽已是深夜，他却看到岛上渔家的妇女怕清晨误了男人们出海打鱼，在夜里燃香计时。见此状后，张果老顿生怜悯之情，便让他的小毛驴每天到长山的各个海岛上报时。次日，小毛驴便腾空而起，围着长山群岛的各个村落边跑边叫，使得整个群岛的毛驴都跟着叫唤。渔民醒来一看，正是下海捕鱼之时。此后，岛民便每日以毛驴叫为起身之时，渔家妇女再也不用熬夜了。

群岛上还流传着"哭娘顶"的故事。传说在古代，岛上有一户人家，家里有一个年仅8岁、名叫浪花的女儿。一天，一群海盗途经小岛，抓走了浪花的父母。浪花便站在一块礁石上，日夜朝着海盗船远去的方向哭喊"娘啊，娘啊……"，盼望自己的父母能够回家。后来，小浪花所站的礁石一天天变高，竟成了一座小山。人们便给它起了个悲凉的名字，叫作"哭娘顶"。

关于岛名的传说也有很多，如大长山岛和小长山岛的由来。相传，在明朝末年，南方船队到达貔子窝港后，需要从海岛间的海域通过。或出于把海岛做避风地，或是为了将其作为航海的标识物，船工们决定对这些海岛进行命名。当这些南方的货船驶入长山群岛海域时，最先映入眼帘的便是大长山岛和小长山岛。远远望去，这两个岛屿宛若一道长长的山脉横卧海中。于是，船工们便对其有了"长山"的概念。当货船航行到附近时，船工们才发现"长山"原来为一长一短且相距不远的两个海岛。为了进行区分，他们便将这两个海岛分别命名为"大长山岛"和"小长山岛"。

在群岛悠长的历史演进中，岛上渔民世代自给自足，过着简单而自足的生活。这些涉海传说是他们精神生活中极好的调剂品，缓解了他们对海上未知风险的畏惧，并成为海洋文化的重要内涵。

行船打鱼有讲究

对世代生活在岛上的渔民来说，出海打鱼是他们主要的谋生手段，也是他们重要的生活内容。千百年来，与海洋打交道的渔民深深懂得海上作业的风险，也因而更期盼得到大海的眷顾。在这种复杂的心态下，长山群岛的渔民形成了讲究的行船打鱼习俗。

渔船是渔民最重要的谋生工具，渔民出海之前总要把渔船打扮一番。特别是年节到来时，这项活动尤为隆重。起初，渔民要把渔船拉上岸，在平头渔船船头上画一轮圆月，在船头两侧、船尾的两个燕翅及船尾部两侧对称的小柱子上涂上红漆，作为装饰。然后，再贴上独具渔家特色的春联。在船头的"两腮"，一般上联写"船头无浪行千里"，下联写"舵后生风送万程"，横批是"海不扬波"。船尾部的两个燕翅，上联写"九曲三弯由舵转"，下联写"五湖四海任舟行"，横批是"顺风相送"。船中间大桅杆上写"大将军八面威风"，船头二桅杆上写"二将军开路先锋"，船尾三桅杆上写"三将军顺风相送"。这些船联带有浓郁的海洋风情和渔家特色，寄托了渔民朴素美好的愿望。

传说，农历正月十三是保佑渔民平安的海神娘娘生日。此日傍晚，渔民及其家人带着自制的小灯船，从四面八方汇聚到渔港岸边。他们点燃灯船上的蜡烛，放到海面。小船会借助风力漂向传说中海神娘娘的住所，送去渔民的崇敬和虔诚。渔民用这种方式祈求平安吉祥。岁月流转，放海灯船已演变成一种渔家民俗文化活动。

渔民常年漂泊海上，为了祈求平安，他们往往会对一些事物有所避讳，当看到这些事物时，自然就会在心理上暗示不要去触碰，久而久之，群体中的每个人都会对此产生避讳。随着海洋渔业的发展，与海洋有关的禁忌习俗逐渐形成。在语言禁忌方面，多

反映为渔民出海打鱼时禁忌在船上说不吉利的话。比如，渔民最忌讳说"翻"字，这是为了避免遇到翻船事故。他们将船上的帆称为"篷"，因为"帆"与"翻"同音；烙饼时也不能说"翻过来"，只能说"划过来"；吃完鱼的上半片后只能将鱼骨拿掉后顺着吃，不能把鱼翻身。刚出海的渔民在端着一筐鱼往船舱里倒的同时要拖长音喊"满了"，寓意鱼货满舱；鱼货卸完了不能说"完了"，要说"满出了"。

行船捕鱼中渔民有许多"讲究"，多表现为各种禁忌和习俗，这些"讲究"凝结着渔民世代漂泊海上而积累的渔业生产经验，是海洋部落中渔民的集体行为准则，也是一种海洋文化积淀。

渔家海鲜好风味

千百年来，长山群岛的渔民就地取材、靠海吃海，摸索出了不少有着浓厚地域特色的海鲜烹饪方法，做成了许多风味独特的海鲜美食。

鱼叶面，海岛居民待客的特色饭食。鱼为大棒鱼，叶为地瓜叶，面为手擀面，其特点是口感筋道，味道鲜美。

紫菜牡蛎疙瘩汤，海岛居民的一种家常饭。面疙瘩在锅里煮至八分熟时，先放入海蛎子肉，再放入紫菜，

长山群岛附近飞翔的海鸟

其特点是味道鲜美。

海麻线丸子，将春季初生的嫩海麻线（一种海藻）洗净剁碎，以肥肉丁、海蛎子肉拌少许粗面，团成球形蒸食，其特点是香鲜细嫩。

群岛渔民还有过端午节家家户户都要吃海鸟蛋的饮食习俗。海鸟蛋是海岛渔家人得天独厚的美味食物。据说吃海鸟蛋可以使人头脑聪明，交好运气，过好日子。

说到这里，还有一个动人的传说。相传，古时候有一伙海胡子（海盗）上了岛，逼渔家人赶快为他们做饭，慢一步就要动刀子杀人。一位姓姜的渔郎让媳妇暗中联合渔家都做大黄米干饭，让海胡子趁热蘸凉糖水吃。海胡子吃得挺高兴，想不到黄米饭在肚里返过热来，把胃烫坏了。姜渔郎又号召渔家乡亲一起喊："捕盗官船进岛喽！"海胡子惊慌失措地逃到海上，全都肚子痛得打滚，活活给烫死了。渔家人都佩服姜渔郎的聪明才智，感谢他为大家除了害。后来，又有商人在秤上动手脚，欺负老实巴交的渔家人，姜渔郎便出面把他们几个的秤拿到一起称同一篓鱼，结果一目了然，那些奸商怕闹出去砸了买卖，花钱摆酒席向渔家人赔了不是。岛上的渔家人琢磨，都是吃鱼螺虾蟹长大的，也都没念过书，姜渔郎怎么会想到贩鱼商秤上有毛病呢？想来想去认为他是吃了海鸟蛋才变聪明的，从此大家就都开始吃起海鸟蛋来。岛上的海鸟多得铺天盖地，鸟蛋也多得数不清、捡不尽。这一年五月初五，姜渔郎上山捡海鸟蛋，渔家人也跟着上了山。姜渔郎给大家讲海猫子蛋、海钻鸟蛋、海鸭子蛋、海虎子鸟的不同吃法。从那以后，每年一到五月初五，渔家人就会吃鸟蛋，煮的、炒的，各种吃法都有。说起来也神奇，吃了海鸟蛋的渔家人，果然越来越聪明了。

山海相汇，人海相谐——
秦皇岛渔民

　　秦皇岛，万里长城与万里海疆的交汇点，是一片神奇而又美丽的土地，也是一座古老而又焕发新颜的城市。秦皇岛山峦起伏，蓝天与绿地相映，碧海与金沙成趣，是长城中风景最秀丽的地段之一，亦是全国唯一以帝王名号命名的城市。古城历经千年，蕴含着海陆交汇独特的历史文化底蕴。

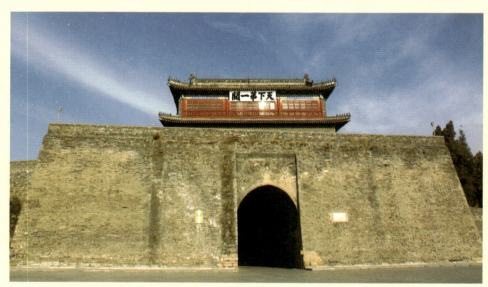

位于秦皇岛的天下第一关——山海关

秦皇岛地处河北省东北部，南临渤海，北依燕山，东接葫芦岛，西接唐山，北接承德，有"京津后花园"之称。

秦皇岛是一座古城。商周时期，这里是孤竹国的中心区域。战国时期，属辽西郡。秦汉时期，秦皇岛成为帝王东巡朝拜和兵家必争之地。公元前215年，秦始皇东巡碣石，刻《碣石门辞》，并派燕人卢生入海求仙，曾驻跸于此，因而此地得名秦皇岛。

汉武帝东巡观海，到碣石筑汉武台，并在此用兵攻打朝鲜卫乐王朝，把北戴河金山嘴作为屯粮城。曹操率兵北伐乌桓，途经此地赋《观沧海》。明天顺五年（1461），杨琚写下了《秦皇岛》一诗，其中"古殿远连云缥缈，荒台俯瞰水潺湲"之句描绘了秦皇岛的美景。清朝时期，在山海关设立秦榆县。光绪二十四年（1898），清政府正式将北戴河开辟为"各国人士避暑地"。

秦皇岛不仅有悠久的历史文化，而且有碧海金沙，有景有史，相得益彰。千年积淀的历史文化和独特的地理区位，形成了秦皇岛"海洋文化"与"长城文化"相结合的地域风情。

与"秦皇岛"这个城市颇有渊源的秦始皇

秦始皇东巡

"秦皇岛"的来历

秦皇岛有众多的名胜古迹，这些名胜古迹蕴藏着许多历史掌故，从而在民间产生了许多趣味盎然的有海洋色彩的传说故事。在这些神话和传说中，流传最广的当属"秦皇岛的来历"。

相传，秦始皇统一中国后，就加紧修驰道、通水路、巡视郡县。一日，秦始皇东巡，有齐国人拦驾求见。齐人禀告：此地海里有三座仙山，仙山时隐时现，出现时，楼台亭榭依稀可见，钟鼓笙箫悠扬悦耳。仙人们驾云行路，飘飘洒洒；饮的是甘露水，吃的是长生不老药。大王若想万寿无疆，何不派人去寻些长生不老的仙药呢？秦始皇听罢，降旨令齐人去仙山寻药。几日后，齐人禀报秦始皇：因为小人福浅命薄，仙山一直未现。于是，秦始皇亲临海边，等待仙山出现。

一日，晴空万里，碧波如镜，海面忽地升腾一片光辉，光环中耸起三座小山。只见，隐隐山头见楼台，淡淡树影倚云栽，异态万千，近半个时辰，仙山方消。秦始皇见状大悦，坚信齐人之言，便广招天下方士，共议求仙之事。不久，燕国方士卢生前来毛遂

13

自荐，并恳请选一方风水宝地，由此入海。秦始皇遂传令兵马集中，分东、西两路沿海滩选址。两天后，选定离碣石海岸不远处一奇山丽水的小岛作为入海处。

秦始皇亲自登临小岛，并降旨入海。卢生和弟子乘坐小船徐徐扬帆，在海上漂泊多日，水尽粮绝，既没找到仙山，更没寻到仙药。他们知道空手而回，定犯欺君之罪。无奈之中，卢生想出一计，用黄缎子做了个符咒，在上面写上了"亡秦者胡也"五个字。见到秦始皇后，他便谎称仙山上的仙人让他将此速交秦始皇，不可耽搁。

秦始皇见到"仙书"，忙率兵马日夜兼程赶回咸阳。而后秦始皇征发大量民工，下令修筑"西起临洮，东至辽东，蜿蜒万余里，威振匈奴"的万里长城，以用来防"胡"。

后来，人们在秦始皇曾登临的小岛上，立碑为记，碑上刻有"秦皇求仙入海处"七个大字。

天涯情牵"望海大会"

秦皇岛的节庆习俗，除了与各地相同的春节、元宵节等外，就是本地独有的望海大会了。望海大会，俗称"逛码头"，作为一项传统的民间习俗，在秦皇岛有着悠久的历史。

相传两千多年前，五月初五这一天，秦始皇派方士带领数千童男童女从秦皇岛入海，求取长生不老药。一行人怎么找也找不到长生不老药，不敢返回，就登上了日本岛，并定居繁衍。这之后，每到五月初五，那些童男童女的亲人们便来到入海处，盼望海船归来。久而久之，望海便演变成了一个习俗，并流传至今。

每逢端午节前后，当地百姓都要携亲带友，前往海边祈福，希望出海的亲人平安归来。后来，民间艺术表演、地方风味小吃等农、贸、工、商活动也汇集到望海活动中来，逐渐形成了较大规模的庙会，吸引了十里八乡的人们。

20世纪90年代初，当地政府开始在秦皇求仙入海处（原东山一带），举办"望海大会"（又叫求仙节、望海艺术节），至今已举办了20余届。

望海大会已成为秦皇岛人的"海洋嘉年华"。

祈求平安、健康、长寿，一直是"望海大会"的主题，体现了秦皇岛人的善良民风，以及他们与大海生生相息、求得人海相谐的美好愿望。

秦皇渔家风味美食

秦皇岛濒临渤海湾，所谓"靠海吃海"，临近海洋的地理条件，使得鱼虾蟹贝等海鲜成为秦皇岛渔家饮食中当之无愧的主角。

彩蝶戏牡丹，取渤海大对虾、小对虾、蟹黄等为材料，将大虾去头、皮，改花刀制成牡丹花形状，小对虾制茸成蝴蝶状蒸熟，淋玻璃芡围边，牡丹大虾氽熟淋汁，装入盘中，点缀花叶、蟹黄即成。此菜味道鲜美。

竹节鱼米，取渤海鲜鱼肉切成米丁腌制，滑熟加入调味料，黄瓜切段、去瓤，刻成竹节状，开水氽熟，放入鱼米。此菜造型美观，鱼米白嫩、鲜滑，口味咸鲜，入口清香。

秦皇烤鱼，选用渤海特产气泡鱼，经多种调味料入味后烘烤而成，口味鲜香。

丰富多样的秦皇岛海鲜美食，多为就地取材，是当地饮食文化的精华，既体现了渔民的才智创造，也充分诠释了"靠海吃海"的含义。

秦皇烤鱼

海天东胜，富饶渔镇——
北塘渔民

北塘，一个历史悠久的渔港古镇，一块人杰地灵的风水宝地，依海临河，自古兼得渔盐漕运之利，富庶一方。北塘亦是地处海防要塞的皇都卫城，见证过明清王朝的兴衰。海韵风情、古镇风光，构成了北塘独特的自然文化景观魅力。时光流转，古老的北塘正华丽转身，浓厚的文化底蕴与旅游休闲完美结合之下，一个现代的新北塘已初步形成，闪亮京畿。

辽阔之海

北塘，位于天津市塘沽区最北端，地处永定河、蓟运河、潮白河三水汇流入海处，濒临渤海湾，自古有"泽国水乡"之称，历史上曾是北方的兴盛渔镇和著名商埠，也是天津历史上唯一的"皇都卫城"。

北塘于明永乐二年（1404）建村，起名"陈家堡"。明嘉靖年间，周边村庄渐与陈家堡连成一片，改称"塘儿上"，后又改为"北塘儿沽"，现名"北塘"即由此而来。"金邦玉带"是古时候人们对地处蓟运河畔的北塘自然风貌的形象称谓，意思是说，流经北塘的蓟运河像"玉带"，而北塘是蓟运河发祥的"金邦"。北塘码头在明、清两代曾是蓟运河上最大的渡口，是关系国家经济命脉的漕运枢纽，加之地扼京师门户，尽得"舟楫之便，渔盐之利"，由此渐为富庶之乡。

既有河流入海冲积而成的广袤沙滩，又濒临黄渤海渔场，北塘有得天独厚的自然环境和丰富的渔业资源，清初已成为闻名京津的渔业重镇。历经600多年的历史洗礼，昔日的小渔村已成为有壮丽海洋景观、独特渔民习俗、原味海鲜美食的旅游休闲古镇。

北塘人打鱼

渔业重镇，名扬四方

北塘海口在大沽口以北，河流交汇入海口，因地处北塘，故称为北塘海口。北塘海口有一道拦江沙，当地称之为"盖子"，河口水浅，因此北塘船只都是吃水浅的平底船。北塘海口外有一溺谷伸向渤海中央，入海泥沙大都循此远去，河口三角洲不明显。岸坡边淤泥过膝，极适合蟹、贝、蛤等生长，水产十分丰富，北塘因此成了渔业重镇，海产名扬四方。

北塘几乎无耕地可种庄稼，而水产丰富。据说过去北塘地区水中的鱼又大又多，人们甚至可以不用网具，只用棍子击打就能捕到，因此才有"打

鱼"一词。北塘船只船形扁低，方头方艄，形制为仿古崇明沙船。清朝末期，航运业和渔业发展很快。日本中国驻屯军司令部1909年印行的《二十世纪初的天津概况》记载，"（北塘）船舶种类全是扁低型，大者二十米，宽五米，小者五米，宽一米五十，在北塘附近约使用四五百只"，由此可见清末北塘渔业发展水平。渔业的发达也带动了商业的发展，有些北塘人在北京、天津、东北等地经营货栈。

每当鱼汛期，黄花鱼、鲙鱼、对虾等洄游的鱼虾集聚于北塘海口。一网下去，捞起的鱼多得船都装不下，有时一网打的鱼可装满两船。大海退潮，渔船即随潮流出海，涨潮随潮水满载而归。码头停满了渔船，抬鱼的号子声、过秤报数的吆喝声、出售小吃的小贩们的叫卖声、欢乐的笑声，声声交叠，响遍北塘海口。

那一筐筐的鱼虾摆满了河边，汽车、马车等排着长队接连不断地将鱼虾运往北京、天津、唐山等地，也有的运往北塘火车站，由火车运往东北等地。北塘火车站建于1888年，是中国最早的商业营运铁路上的车站，以运水产为主，在鱼汛期停车长达十几分钟。那时，北塘的生活以大海潮汐为准。白天北塘到处是人们忙碌的身影，夜晚也是灯火一片，充满了丰收的喜悦。河海交汇形成的独特地理环境优势，造就了北塘得天独厚的海产资源，更成就了其北方渔业重镇的美名。发达便利的交通，使得北塘海鲜走出北塘，名扬四方。

大年三十跑火把

明朝"燕王扫北"造成中国历史上的一次大移民，山东陈氏家族等沿水路行至此地，沿海定居，形成了一个小渔村。几百年来，勤劳朴实的渔民在这片水土上苦心经营，不仅将渔村发展成驰名京津冀的渔业重镇，也让这里有了极具渔家特色的民俗活动。

北塘一带的渔民，有除夕夜跑火把的习俗。在辞旧迎新的午夜时分，船主用绳子捆扎好芦苇把子，蘸鱼油点着，扛着先跑遍各庙，而后再跑到海边，绕着自家的渔船跑，边跑边喊"吉庆有余，一网二船，顺风顺流啦"等吉利的话语，祈求平安、丰收，这就是跑火把。

火把的数目是有讲究的，家里有一艘船要举两支火把，有两艘船要举四支火把，即火把支数是船只的两倍。大年三十，成千支火把一齐出动，把渔乡的除夕夜照成白昼。铜锣开道，彩旗和纱灯导引，火把在后面紧紧尾随。各路火把穿街越巷，此没彼出，其景如龙腾蛇舞，热闹非常。

届时，各庙的庙门大敞四开，明灯高悬，迎接火把。船主在各庙一一降过香，来到自家渔船停放处，绕着渔船高喊"大将军（大桅）八面威风，二将军（二桅）开路先锋""船头压浪，舵后生风"等吉祥口号，然后在锣声中将火把余节燃尽。

北塘渔民对除夕夜跑火把的兴致

很高，一来是船主为取"火爆"（"火把"的谐音）的吉利，祈求新岁的兴旺发达；二来许多人欣赏其景的壮观，也是一种集体的娱乐活动。还有一些村民，尤其是孩子，则准备着看完跑火把到船主家去"起驳"。起驳的意思是说，经过这番忙碌，船主家的船已经鱼虾满舱，装不下了，需要他们"起驳"走。船主会高兴地将点心等分赠给他们。起驳的人用衣角兜着果品，高喊着"一网打两船，一网金，二网银，三网打个聚宝盆"之类的吉利话，喜气洋洋营造了欢乐祥和的节日气氛。

北塘海鲜：慈禧太后心头好

天津海鲜在塘沽，塘沽鲜味在北塘。"北塘海鲜"究其鲜，主要是产得鲜、做得鲜。得天独厚的自然环境，孕育了丰富的渔业资源。这使得北塘在清中叶以后成为宫廷御膳海鲜供应地之一。

北塘拥有广阔的泥质浅滩、肥沃水质，其海鲜肉质肥厚、味道鲜美，至今已有几百年历史，经历了从船做到家烹，从家烹到宴宾，直至形成品牌，逐步完善。特别是近百年来，北塘海鲜吸收了当年李鸿章设立于北塘

北塘大虾

靠海吃海的渔民

淮军大营的烹饪技法，融入冀、鲁、豫等地的烹饪技法，使其"煮、熬、煎、溜、炒"等技艺日趋完善，成就了北塘海鲜的独特风味。如今，北塘海鲜作为特色美食，深受人们的青睐。有一副楹联正说明了人们对北塘海鲜的喜爱："原产原地原汁原味，禧太后李中堂口口称赞；海鲜河鲜湖鲜港鲜，当地人外来客声声叫绝。"

在北塘海鲜菜谱里，经常能看到梭鱼酱、酱墨斗、家常熬鱼等，这是地道的北塘海鲜菜肴。虾酱是当地的主要特产，有一种炸过的虾酱十分受欢迎。在北塘，时令海鲜也是有顺口溜的：春天桃花鱼，夏天吃鳎目，秋天拐子鱼。这是渔家"靠海吃海"得出的饮食经验——在不同的时节捕捉到最得时令之美的味道。

齐鲁之舟

祭海敬祖，耕海牧渔
齐鲁篇

　　齐鲁，是自古便有"渔盐之利，舟楫之便"的一片土地。在这片土地上，田横渔民长久以来一直传承着神秘隆重的祭海仪式，岁月流转，续写族群的希冀和崇拜，与现代融合的海洋狂欢，成就全民族的海洋文化盛宴；蓬莱渔民身处仙境美景，骨子中带有大海般的浪漫情怀，在生产中化成一支支热情奔放的劳动号子，点燃一盏盏温暖明亮的渔家灯火，寄托心中永不磨灭的希望；岚山渔民则延续古老的海上捕捞方式，以生动活泼的形式向海洋致敬，祷祝平安，祈求丰收。人海相谐，渔民与海洋的互动和交流，谱写出了美丽动人的故事，寄托着朴实善良的渔民对幸福生活的向往。

田横祭海节现场　王顺成／摄

祭海敬天，牧渔耕海 ——
田横渔民

　　田横，一座美丽海岛，如巨鲸般浮于万顷碧波中，它是黄海上的一颗明珠，璀璨而生动；田横，一位英雄人物，秦末战火熊熊，烧不尽他的傲骨，义高节重，壮士慕义追随；田横，一个渔业重镇，千百年的耕海牧渔，流传着美丽动人的海洋神话，传承着神秘隆重的祭海仪式。岁月流转，续写族群的希冀和崇拜，融合现代喜庆与狂欢，成就海洋文化盛宴。人海相谐，是田横渔民不懈的追求；风调雨顺，是田横渔民殷殷的期盼。

　　田横镇位于黄海之滨、崂山之畔，归属于青岛市。这里的村民常年以出海打鱼为生，小镇中分布着多处渔村聚落。这些渔村聚落至少已存在千年，自其祖先踏上这片土地开始，便与海结缘，得享渔盐之饶。

　　"海潮拍打着田横岛，渔火在闪烁；夜幕笼罩着古老的传说，风轻桨橹摇⋯⋯"这首由著名歌手毛阿敏演唱的《田横小夜曲》，意境优美，歌唱美丽海岛的宁静与舒适，诉说英雄人物的故事和传奇。

田横渔民扬帆起航　郭书凡／摄

义高节重是田横

两千多年前，附近海边几个渔民乘着自制的木舟，穿过海湾，发现了这个美丽的海岛。岛上冬暖夏凉，林茂木秀，好似"世外桃源"。他们决定在岛上定居，从此，耕海牧渔，过着宁静而舒适的生活。海岛与世隔绝，时间在这里好像放慢了脚步。直到田横的出现，将这个海岛带进了历史，赋予它忠烈不屈的内涵。一岛一人，他们的故事流传至今。

公元前 250 年，田横出生于狄邑（今山东省高青县），在齐国颇有贤名。公元前 221 年，秦王嬴政建立了中央集权的秦王朝。秦始皇虽有功绩，但也施行暴政，秦二世更是昏聩无能。陈胜、吴广率先举起反秦旗帜，一时间各地农民纷纷响应。在起义的大形势下，六国贵族也纷纷起兵反秦，其中就包括田氏一族。

齐国田儋在齐国旧地举兵反秦，自立为王。不久，他在对抗秦兵中战

徐悲鸿画作《田横五百士》

败身亡。此后，田荣组织起余部，立田儋之子田市为齐王，自己任国相，任族弟田横为大将军，不久即完全平定了齐国。

公元前206年，在遍地的反秦烽火中，秦朝走向灭亡。楚汉之争，如火如荼。楚、汉双方都争相收剿地方武装。田荣拒绝助楚攻汉，在平原一战中被楚霸王项羽杀死。田横深得民心，而且颇具将才，齐地百姓都愿拥他为齐王。田横却立田荣的儿子田广为齐王，自己任国相。虽然田横表明支持汉方，但刘邦仍想收齐，并派谋士郦食其作为特使来到齐国假装游说。田广和田横以极大的热情接待了郦食其，不想刘邦派大将韩信趁机率兵东进，一举攻到临淄城下。"齐王广、相横怒，以郦卖己，而烹郦生"，几天后临淄城被攻破，齐王田广率先逃出城去，田横率齐兵阻拦汉军，落败而走。

田横这时候据守博阳，由部下拥立为齐王。他率领尚存的齐军孤军奋战，并且一度收复了部分齐国旧地。然而此时，汉军势力如日中天，刘邦派遣大将灌英讨伐田横。田横兵少将寡，只好且战且走，退至一个海岛上

《史记》书影

（即今田横岛）。海岛四面环水，易守难攻，田横和部下在此休养生息，捕鱼拓荒，操练武功，以图复齐大业。

公元前202年，刘邦派专使去见田横，招他来汉都，并下诏：田横来，大者封王，小者封侯；不来，则举兵加诛。田横不愿引兵东至，便说服剩余的五百壮士留守海岛，自己带领两名门客前往洛阳。行至偃师，田横想到自己和刘邦一同起兵反秦，如今自己却要认罪称臣，纵使称王封侯，又有何面目面对齐地父老，于是面向东方，遥拜齐国山河，自刎身亡。

门客将田横的遗体送至洛阳。刘邦下令以王礼厚葬。葬祀之后，两位门客拔剑自刎殉主。刘邦派特使到齐地海岛招降田横旧部，五百壮士闻讯，一起自杀报主。

司马迁慨言道："田横之高节，宾客慕义而从横死，岂非至贤！"后人叹服田横和五百壮士的忠烈气节，便将此岛命名为田横岛，并在海岛最高处修建了五百义士墓。沧海桑田，如今的五百义士墓已与岛上的苍翠青山融为一体。铮铮侠骨，义重节高，这是田横和五百壮士留给后世的精神财富。

渔家海神信仰多

海神信仰是渔民的精神寄托。在千百年耕海牧渔的历史中，诞生了许多鲜明生动的海神形象。

在渔民心目中，这些善良而神秘的神仙神通广大，帮助人们除恶避险，保佑渔民平安而归、鱼虾满舱。

海龙王。龙是中华民族的图腾，从唐代开始，逐渐演化为河海之君，能够呼风唤雨，成为渔民心目中有着非凡本领和神奇力量的海内天子，掌管着渔民的生产作业和旦夕祸福。在田横沿海渔村，各村都建有龙王庙。其中，周戈庄村的龙王庙规模最大，庙内有龙王、赶鱼郎和女童子壁画。

妈祖。妈祖信仰起源于南方，在明清时期，随着南北方海上频繁的交通往来而传入胶东半岛。沿海渔民将妈祖尊称为"天后娘娘"或"海神娘娘"。妈祖是影响广泛而深远的海神之一，凡有海运的地方大多会有妈祖庙。渔民在出海前会去祭拜妈祖，祈求平安。"天后娘娘"是田横渔民敬重的海神之一。

孙仙姑。在田横和周边沿海地区的庙宇中供奉着孙仙姑的神像，流传

田横海神之一 张景国 / 摄

着她显灵的故事。孙仙姑从小灵巧聪慧，乐于助人。她去世那年，南方一艘大船的船老大在行驶到附近海域时，梦见自己的船只遇了难，由孙仙姑指点迷津才得以脱险。第二天果然遭遇险情，船老大按照梦中孙仙姑的指点避难脱了险。此事之后，船老大按照梦中孙仙姑指示的住址找到其家人，并筹资为她建造了塑像，以示感激。当地的催诏庙、黄山庙中都有孙仙姑的塑像。

赶鱼郎。赶鱼郎是渔民对鲸鱼的尊称。鲸鱼个头庞大，食量也很大，在海中往往会追食较大的鱼群，渔民看到鲸鱼出现就知道能够满载而归。有歌谣唱道："赶鱼郎，黑又光，帮助渔人找渔场。赶鱼郎，四面窜，当央撒网鱼满舱。"因此，渔民尊称鲸鱼为"赶鱼郎"，有些渔民见到鲸鱼还要烧香拜祭，感谢它们带来丰收。

海洋滋润了沿海地区的每一方水土，养育了这里的人们，也孕育了生动的海神形象。人海相谐，他们的互动和交流，谱写出了美丽动人的故事，寄托着朴实善良的渔民对幸福生活的向往。

阳春把酒祭沧海

"时维三月，序属阳春"，值此时节，百鱼上岸，田横古镇的渔民便开始准备祭海。祭海是田横渔民在漫长的耕海生活中创造的一种极具地域特色的渔家文化，承载着渔民对海洋的感恩、崇敬和对美好生活的期盼。这是田横最重要的节日。

古时，航海技术并不发达，"无风三尺浪，有风浪滔天"的海上风险迫使渔民往往结伴，甚至集群出海。在向海神祈福求得庇护的共同愿望驱使下，渔民组织起来，一同举行神圣的祭海仪式。岁月流转，田横祭海节仍在延续，更融合了现代的喜庆与狂欢，在一定程度上，成为中国北方渔文化特色最浓郁、原始祭海文化保存最完整、规模最大的海洋文化节日。

田横祭海节，通常由祭海前的准备活动、祭祀仪式等部分组成。

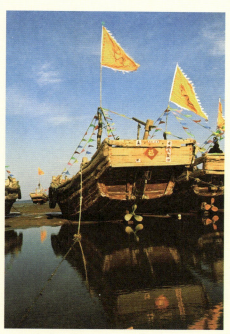

田横祭海节的渔船
董庚兴 / 摄

蒸面塑和选三牲

祭海节前十几天，渔民就开始热火朝天地进行准备了。有两种祭品必不可少——三牲和面塑。

选三牲非常有讲究，这里的三牲指的是猪、鸡、鱼。猪以黑毛猪为佳，越大越好，寓意财源滚滚。

选三牲是渔家男人的活计，渔家媳妇则忙着蒸面塑。面塑是胶东地区逢年过节时蒸的面制工艺品，当地人称为"饽饽"。心灵手巧的渔家媳妇在节前四五天就聚在一起研讨新花样，觉得称心如意后就开始制作，以备祭海时用。每个面塑重量一般为三四斤，造型多样，有寿桃、斗等。寿桃面塑上装饰有喜鹊报春、八仙过海、双狮戏绣球、龙凤呈祥、虾兵蟹将等五彩面饰图案，寓意康泰长寿、渔产丰收，是颇具民俗特色的面塑艺术品。

此外，祭祀前还要请德高望重的人写"太平文疏"。为表虔诚，写字人写前需净手，并燃香一炉。渔民在祭海的时候还要写对联，当地俗称"对子"，内容多是"风调雨顺，满载而归""力合鱼满舱，心齐风浪平"等，贴在船的头、尾和桅杆上。

周戈庄的龙王庙在祭祀前也会被打扫装饰一番。在庙前，渔民用新砍来的松柏枝搭起一个高十余米、宽八米的松柏门。而插上龙旗、摆好渔具、列船待发，则是祭海准备的最后几道工序。一切准备就绪，祭海节就开始了！

摆供祭奠唱大戏

祭海节这一天，繁星才没，旭日未升，身着盛装的渔民就赶到庙前的沙滩上摆供。摆供通常以船为单位，每只渔船摆一组贡品，每组三桌。只见一排排铺垫红布的供桌上摆着面塑、水果、烟酒、糖果、花束、鲈鱼、海参等供品，桌前摆着一头头披红挂彩、昂首向前的大肥猪和一只只红毛公鸡，还有一束束竹竿绑扎成的几米高的"站缨"迎风而立，这些是渔民祭海节的标志。旌旗飞舞，鞭炮高挂，祭海仪式即将开始。

上午 8 时，偌大的海滩上，早已是人山人海。吉时已至，德高望重的船把头一声令下，顿时鞭炮齐鸣，锣鼓震天，香烟缭绕，渔民向"太平文疏"磕头，祈求海神保佑。然后，将准备好的糖果撒向空中，人们都说谁抢得多谁就能交好运。祭海活动进入高潮。

历史上，祭海仪式结束后要请戏班连唱三天戏。起初，渔民会请民间的杂耍来演出，到清代演变为唱京戏，现代则多了秧歌、旱船、腰鼓、龙灯等民俗表演。

"夜深了，夜深了，家乡的亲人睡着了……"伴着悠扬的小夜曲，斑驳的渔船、晾晒的渔网以及宁静的渔村都沉浸在夜色之中。劳作一天的渔民，安然沉睡。远处，柔和的月光轻抚着群山，夜幕笼罩着这片古老的土地，只有海浪轻拍沙滩的声音，仿佛在诉说着勤劳朴实的渔民对海的热爱。

祭海节民俗表演

祭海鞭炮响 王顺成 / 摄

海上仙境，渔灯传情——
蓬莱渔民

蓬莱画境

三千碧海，万里澄波，这边风景独好；云涌雾绕，凭海临风，恍若海上仙境。八仙过海的神话传说，海市蜃楼的虚幻奇观，为蓬莱笼上了仙界的光环；帝王方士寻仙访药，文人墨客走笔放歌，为蓬莱写下了多彩的华章，千百年来令人神往。翰墨流传，为山海增色；渔灯放彩，映生活多姿。美好舒适的环境，得天独厚的物产，是海洋对蓬莱渔民最好的恩赐。一声号子，一盏烛火，是蓬莱渔民对海洋最生动直接的表达。

蓬莱，坐落于胶东半岛北端，濒临黄、渤两海，是一方充满着神话传说和海市奇观，令人神往的土地，如今是一个直属于烟台市的朝气蓬勃的海滨小城。自古以来，文人墨客倾心于蓬莱仙境美景，留下了不朽的诗文词章，勾勒出了一幅幅海洋历史文化画卷。

袁江画作《蓬莱仙岛》

蓬莱，一座仙境的传说

相传，渤海中有三座仙山，山上物色皆白，宫殿由白银筑成，琼枝玉树丛生，其果实人吃了能够长生不老。秦始皇为长生不老、江山永固，慕名来此寻找仙山，求取不老药。他临崖望海，只见海天相接处有一片亮光浮动，随行的方士解释说，那就是仙山。秦始皇大喜，询问仙山名字，方士一时无法作答，但见海中有水草漂浮，灵机一动，遂以草名"蓬莱"告之。"蓬莱"，"蓬草蒿莱"也。据说，这就是蓬莱名称的来历。

蓬莱的风情魅力，不仅源于其神话传说和海市奇观，也源于其渔文化和渔民族群。在渔业生产中，蓬莱渔民将辛劳化成一支支劳动号子，用干劲和劳作谋求渔业的丰收；寄命波涛间的不定风险，让渔民对海洋有着深深的畏惧与崇敬，因而会用一盏盏渔灯，点亮夜空，为晚归的渔船指明家的方向。

袁江画作《海上三山图》

《梦溪笔谈》书影

事实上，蓬莱的名字早在《山海经》中就有记载："蓬莱山在海中。"除蓬莱外，还有方丈、瀛洲两座仙山。仙山的传说、人们求仙的愿望以及方士道士的宣扬，使得古代帝王对海上求仙非常热衷。元光二年（前133），汉武帝东巡至蓬莱。据说他望仙山而不遇，筑一座小城命名为"蓬莱"，聊以自慰。

蓬莱之所以成为人人向往的海上仙境，和此地独特的海市蜃楼奇观也有很大关系。蓬莱城北的海上常现海市蜃楼。海市蜃楼是一种极富神秘色彩的自然现象，古往今来，曾吸引无数人前往观看，古人称之为"登州海市"。北宋人沈括在《梦溪笔谈》中写道："登州海中，时有云气，如宫室、台观、城堞、人物、车马、冠盖，历历可见，谓之海市。"海市色彩丰富，影像清晰而多变，古人无法解释这一现象，遂产生了许多幻想：海上有仙山，山上有仙药，食之可以长生不老……令很多人慕名前往，寻觅仙境。

既有仙境，必有仙人。八仙是蓬莱仙境神话传说的典型形象，八仙的故事在民间流传非常广泛。所谓八仙，指的是汉钟离、铁拐李、蓝采和、韩湘子、吕洞宾、张果老、曹国舅和何仙姑，传说他们原本都是普通人，因各种机缘巧合而得道成仙。民间流传最广的是"八仙过海"的故事。

相传有一天，八仙在蓬莱阁饮酒聚会，酒至酣时，铁拐李提议乘兴过海一游，相约不许乘舟，众仙同意。

汉钟离率先将芭蕉扇扔进海里，袒胸露腹仰躺在扇子上，向远处漂去。何仙姑伫立在荷花之上，铁拐李乘坐大葫芦，张果老倒骑毛驴，吕洞宾手持拂尘，韩湘子横吹玉笛，蓝采和手擎花篮，曹国舅手持玉板，八位仙人借助各自的宝物，轻轻松松地实现了漂洋过海。"八仙过海，各显神通"的谚语，即由此而来。

号子，一首渔民的壮歌

"呼来咳啊，嘿哈；使使劲啊，嘿哈；弄船角啊，嘿哈；加把油啊，嘿哈……"苍劲浑厚的渔民号子在海边响起。在一唱众和的"引号"声中，渔民鼓着劲将渔船一寸寸推进大海，扬帆，远航。

蓬莱渔民号子，是一首渔民的壮歌，动人心弦。渔民号子唱的是扬帆远航，奏的是搏击风浪，歌的是满载而归；或粗犷奔放，或优美委婉，有着与众不同的艺术风格和强烈的海洋

八仙图

生活气息，倾注了渔民的情感，充满了渔民的乐观拼搏精神，是他们热情、豪放、淳朴、奔放个性的充分展示。

渔民讲"只要船一动，号子嘴上哼"，号子成了渔民海上劳作不可缺少的组成部分。在整个捕鱼过程中，每个操作环节都有专用的号子相配合，既可以组织力量，又能统一劳动步骤。从出海到返航，整套号子由溜网号、上网号、拉锚号、摇橹号、撑篷号、紧橹号、上网小号、捞鱼号、艇鲃号、爬爬号等部分组成，系统地反映了整个捕鱼过程。

溜网号。阳春三月是鱼汛旺季，渔民出海前要做准备工作，溜网号是他们整网、织网、晒网、收网时唱的渔歌，调式平稳愉悦。

上网号。渔民将网具整理好后搬运上船。领号者即兴引吭，用上网号协调着大伙儿的行动。因为劳动强度大，上网号节奏较为激昂。

拉锚号。船上准备就绪后拉锚出海。此时一领众和，齐心协力，号子随锚的大小和水流的缓急会有所变化，大锚号沉重平稳，小锚号轻松欢快。

摇橹号。出海摇橹时唱的号子，虽短小，但一唱一和间尽显平静安详。

撑篷号。开始时无须用大力，号调轻松畅快，随着篷帆升高，拉力须加大，号子转为深沉缓慢，篷帆至顶时，气氛转缓，号调拖腔结束。

紧橹号。发现鱼群，全船伙计精神振奋，喊起紧橹号子，破浪赶鱼，调式急促、强烈、紧张有力。

上网小号。渔民把活蹦乱跳的鲜鱼往船上拖时，配合拉网唱的号子，调式流畅，明快风趣。

捞鱼号。渔民用鱼抄往船舱装鲜鱼时，就会喝起捞鱼号子，欢快喜悦。

艇鲃号。渔民满载而归，摇橹返航，便唱起抒情优美的艇鲃号。

爬爬号。此为渔船返航途中一人独唱的号子，当渔船驶向家园，为活跃气氛，船老大在掌舵时会唱起动人的渔歌。

"快点摇哇，嘿号；早回家呀，嘿号；新鲜鱼，嘿号；喝它二两，嘿号；美滋滋啊，嘿号……" 听到这样的号子，便知道这是蓬莱渔民满载而归了。他们披着晚霞，一边摇着橹，一边看着满舱的鱼虾，禁不住唱起了这样的号子，令人闻之心动。

民俗，一方土地的约章

早在新石器时代，就有先民选择在蓬莱沿海定居，他们与海为伴，以海鲜为食。大量的贝丘遗址和富有神秘色彩的海洋民俗留存下来。纵使时光流转，世事变迁，勤劳淳朴的渔民也一直延续着耕织捕鱼的生产方式，传承着一套与海洋生活息息相关的风俗习惯。时移世易，丰富的是内容与形式，不变的是对海洋的敬畏与感恩。

衣饰习俗。蓬莱渔民在海上作业时，一般穿着用桐油涂抹过的油衣，既防雨水，又御风寒。秋冬季节，渔民出海需穿质地厚实的大襟衣服，宽松直筒大裤脚，用棕绳拦腰扎好，打活结。这种衣服易穿易脱，一方面御寒能力强，便于海上捕捞；另一方面，一旦落水能尽快脱掉衣服，以利逃生。这里头都凝结着渔民祖祖辈辈与海洋打交道总结出来的经验。

饮食习俗。渔民的食谱多以海鲜为主。早在上古时代，临海而居的先民就地取材，从浅海采集、捡拾鱼虾贝类充饥。我国沿海遗存有大量的贝丘遗址。这些贝丘遗址是由先民吃剩的贝壳堆积而成的，蓬莱沿海就有十多处。随着独木舟的出现和航海业的发展，先民逐渐开始以捕鱼为生，将多余的渔获物晒干储存，以备不能出海捕鱼时吃。蓬莱渔民的饭桌上，从来都少不了海产品，无论是鲜货还是干货，都有一套独特的烹饪方法，这是蓬莱的饮食特色。

居住习俗。当走进蓬莱渔村，你会看到在原始石块或砖石块混合垒起的屋墙上，有着高高隆起的屋脊，屋脊上面是质感蓬松、绷着渔网的奇妙海草屋顶。这些以石为墙、以海草为顶，外观古朴厚拙，极具地方特色的

海草房

民居，就是海草房。海草房在胶东半岛沿海曾广泛分布，是世界上别具特色的生态民居之一。海草房冬暖夏凉，居住舒适。目前，这种海草房在蓬莱沿海已不多见，人们见到的大多是作为历史遗存保留下来的。历经风雨的海草房，是蓬莱渔民的传统建筑，其厚重与耐久反映了渔民们的聪明才智。

行旅习俗。新船建成，船主要择"黄道吉日"举行仪式，将船头披红挂彩，在船桅挂红旗，在船头设供品，点蜡烛、焚香纸、鸣鞭炮，然后行大礼。礼毕，船主用朱砂笔为新船点睛，高呼"波静风顺""百事大吉"，之后送船入海。渔民相信给渔船装上"眼睛"，就能"透视"海底秘密，掌握鱼情动向，满足满舱而归的心愿。出海捕鱼前，人们也要举行祭祀，祈求平安。每逢初一、十五，渔民家属会在海边为亲人祈祷。当渔船满载归来时，渔民会在船桅上挂"布挑子"，向乡亲报喜。现在，有些渔民仍不忘这种古老的风俗，每逢丰收还要在船上挂起红色的"挑子"。海上收购船看见这个信号，即会靠拢过来收购新鲜海产品。

语言禁忌。渔民出海最怕船翻人亡，忌说"翻""扣""完""没有""老"等词语。因此晾晒衣服需要翻过来或吃鱼需翻吃另一面时，要把"翻过来"说成"划过来"或"转过来"；向碗里盛饭要说"装饭"，因为盛饭的"盛"字，方言近"沉"。水瓢、勺子、羹

人们在建海草房

匙等一切形状像船的器皿，都不能扣放，这是由于渔家人从心理上不愿意看到它们倒置，表明了渔家祈求海上平安的心愿。此外，筷子不能横放在碗上，因为筷子横在碗沿上，就像是船搁浅触礁。吃饭时，只准吃靠近自己的一边，不准伸筷子夹别人眼前的菜，否则即被称为"过河"，渔民认为随便过河为险兆。这些禁忌大多是渔民祖祖辈辈从海上作业的经验教训中总结而来的。

蓬莱渔民在与海洋共生的漫长过程中，形成了与海洋息息相关的衣、食、住、行方式和言语禁忌，这些习俗禁忌或多或少地带有迷信色彩，但都蕴含着渔民祈求平安、盼望丰收的生活愿望。

渔灯，一盏希望的烛火

"朝出顺风去，暮归满载回。"清晨，渔民在自家渔船的驾驶舱前贴上吉利的对联，燃起大挂的鞭炮，锣鼓、秧歌汇成一片欢庆的海洋。傍晚，渔民将用萝卜制成的渔灯放到自家的窗台和门口，或者直接送往海边，让渔灯星火点亮漆黑的夜空。这就是胶东渔家人特有的节日——渔灯节。

相传，渔灯节起源于明朝，至今约有600年历史。有一年的正月十四，出海捕鱼的渔民遇上狂风巨浪，天黑后还没有回来。亲人们纷纷提着灯笼聚集到海边，叩拜龙王和海神，祈求亲人能够平安回家。渔民的诚心感动了龙王和海神，顿时灯光连成了一片，映红了整个港湾。在海上漂流的渔民看到耀眼的灯光，朝着光亮处奋力驶去，终于全都平安回到了岸上。从此，蓬莱沿海就在每年的农历正月

渔灯点点

十三、十四举办渔灯节，家家户户都制作渔灯，带上最好的供品，前往海边祭海，祈求神灵保佑亲人出海平安。

渔灯节当天，蓬莱渔民自发地从各自家里抬着祭品，打着彩旗，一路放着鞭炮，到龙王庙或海神娘娘庙送灯、祭神，祈求鱼虾满舱、平安发财；再到渔船上祭船、祭海；最后到海边放灯，祈求海神娘娘用灯指引渔船平安返航。除了这些传统的祭祀活动，现在的渔灯节还增添了在庙前搭台唱戏及锣鼓、秧歌、舞龙等群众自娱自乐的活动。

在蓬莱渔民心目中，渔灯有三层含义，一是鱼虾丰登之意；二是照明引路之意；三是祈求神灵认人认船，保佑人船平安归来。他们把制作好的一盏盏渔灯点亮，放到海中，任其在海面上随波逐浪，漂往大海深处。海面上渔灯点点，星火连片，增添了大海神秘的气韵；灯火跳跃闪动，寄托着渔家人心头永不磨灭的希望，传达着渔民对大海和亲人深深的情感。

旭日照波，垄耕碧海——
岚山渔民

　　日照，素有"看日出扶桑，观海市三岛"之说。日出海上，霞光万丈，山海形胜，无不让人感慨自然之奇美。岚山，日照之渔业重区，千百年的耕海牧渔历史，造就其浓郁的海洋文化。与海为伴，谋海为生，人海共舞，这是生活在海边的岚山人的人生常态。

赶海的渔家人

日照岚山

日照市岚山区，位于山东沿海最南部，东临黄海，毗邻著名的海州湾渔场，拥有岚山港、岚山渔港两个一类开放口岸。岚山有秀美的山峰、洁净的海水、细软的沙滩以及连绵的沿海黑松林带，自古便有"叠嶂蠹霄直如画，天成景色即蓬瀛"的美称。

岚山历史悠久，中国儒家先师孔子曾在这里拜项橐为师。《三字经》有言："昔仲尼，师项橐，古圣贤，尚勤学。"明洪武十七年（1384），在此地设置安东卫，时与天津卫、威海卫、灵山卫齐名。

岚山属于暖温带湿润海洋性季风气候，冬无严寒，夏无酷暑，气候适宜，物产资源也非常丰富。全国闻名的海州湾渔场就在此地，盛产对虾、海参、鲍鱼、带鱼、鲅鱼、梭子蟹等海鲜。其中岚山头虾皮、墨鱼干、扁米、西施舌等多种海产品更是享誉全国。得益于丰富的海洋物产以及得天独厚的渔业生产环境，岚山有着悠久的海洋捕捞历史。在长期的临海而居和捞捕养殖中，岚山渔民传承着祖祖辈辈积累的生产经验和民俗传统，成就了如今的海洋生活面貌。

日照渔民

发号施令的"旗民"

以前，岚山渔民在海上捕捞，所面临的海洋环境非常复杂，危险性很大，能不能获得丰收基本上要靠运气。为了应对变幻莫测的天气和海洋环境，往往十几或几十只船结成一帮，一起出海。结帮是渔民出海捕捞的重要特点。

在结帮船队中，掌舵、发号施令的人俗称"船老大"。在未出海前，就要请出一个船老大。船老大既有丰富的航海经验，又有随机应变的本领，是全帮发号施令的旗帜，又称"旗民"。旗民是渔民中的"能人"，能在遇到险情的关键时刻沉着冷静、机智灵活地处理各种问题。有的旗民还有特殊的本领，比如，在船上听听船头的水声，就知道一天行多少路；看看天空的云彩，就知道是否会刮风下雨；耳朵贴在船帮上听听，就知道水下是否有鱼群经过，该何时下网。

旗民在海上常常指挥全帮避过风险或临危转安，在渔民中有很高的权威。在行船过程中渔民会自觉服从旗民发出的各种指令。船队出海时，旗民所在的船叫旗船，桅杆上有特殊的旗号，其他渔船都要看旗船的指示而行动。

旗民，是船帮名副其实的"旗帜"。在风云变幻莫测的大海上，他以自己丰富的水文气象经验和航海捕捞经验、沉着果敢的性情和指挥若定、凝聚人心的能力，博得了全帮渔民的尊敬。

潮退之后去"赶海"

居住在海边的人们，最懂得潮涨潮落的规律。在最大潮当天，潮水可退至最低位，海上的礁岩大都裸露出来。此时，海边的人们上礁、下滩，采集各种贝类、虾蟹，场面十分热闹，俗称"赶海"。

赶海讲究技术，也有许多经验，渔民代代相传，积累了很多谚语。例如，"初一十五两头干"，说的是农历的初一与十五早晨与傍晚都会退潮，一天之内有两次赶海的良机。"西北风，落脚赶大潮"，是说如果连着几天刮西北风，风停之时潮会退得很远，是赶海人满载而归的日子。"东北风，十个篓子九个空"，则告诫人们正刮着东北风的日子赶海是不会有收获的。

踩着高跷捕小虾

下海推虾是山东日照沿海渔民一项古老的劳作方式，主要方式是踩着高跷捕小虾。这种独特的捕捞方式在岚山沿海已经有很长的历史，一方面是渔民的创造，另一方面也是环境使然。

岚山的海虾，一般生活在离海岸不远的水域，味道鲜美。加盐煮熟后晒干，就是传统的虾皮。渔民们炒菜做汤，喜欢加入虾皮，增添饭菜的鲜味。毛虾是加工制作虾皮的主要原料，一般在当地水深处越冬，到了来年2月底3月初，开始向近岸游动。这个时候将捕获的毛虾烘干，就成了春虾皮。春虾皮是岚山重要的海洋特产。

捕捞小虾主要靠手推网，俗称"推虾皮"。"推虾皮"在日照已有数百年历史，以岚山的安东卫为最早。技术好的高手，可踩着高跷在深水推网。海虾生性胆小，如果有船只和渔民经过，往往会受惊而逃。因此，捕虾人发明了踩着高跷捕捞小虾的方式。

捕虾人所用的捕虾网如同簸箕，网杆长达5米，网口宽度近4米。捕虾人所踩的高跷一般分为两到三节，每节高约1米，根据距离海岸的远近，随海水的深浅而增减高度。所捕捞的小虾，则会放入身后拖挂着的虾篓内。虾篓一般是芦苇编成的，四周会拴上三个密封的葫芦。这三个葫芦能够起到浮漂的作用，使虾篓浮漂于水面，随人牵游。此外，如果遇到不测，虾

踩着高跷捕小虾

箩也可以作为救生之用。拴箩的葫芦一定要选用大肚尖嘴细腰的长葫芦。渔民认为这种葫芦是八仙之一吕洞宾的宝葫芦，人在海上，身边有宝葫芦，既辟邪又吉祥。

每年的五月到十月，当地渔民会选择风平浪静、温度适宜的天气，三五成群来到海边，踩高跷、推虾网，踏浪踩波，这成为岚山的一道风景线。据渔民说，如果赶上一个好潮，虾多个大，半天便能收获颇丰。渔民满载而归，便会将丰收的海虾做成美味菜肴，享受大海的馈赠。

模仿"水族"的"水族舞"

在岚山以及其周边村镇，有一种古老的民俗艺术——"水族舞"。虽说是"舞"，其实与我们所理解的舞蹈有很大不同，更像是民众喜闻乐见的"秧歌""高跷"一类，其实是一种民间传统的娱乐形式。

据说，"水族舞"起源于明朝洪武年间，距今约有600年历史。相传，由于那时朝廷向东部沿海一带大规模移民，使得山东南部沿海的人口大增，当地渔业随之发展起来，相应的渔家

传统"水族舞"

文化也不断繁荣，"水族舞"就应运而生了。

最初的"水族舞"只是人们在祭祀海龙王时带有简单动作的祈祷仪式，主要是为了表达人们希望出海平安、满载而归的祈愿。这一时期的水族舞没有什么具体的内容和形式，更没有音乐伴奏，只是人们随意模仿某些海洋生物的动作，一边手舞足蹈，一边祈祷，而且只有在每年当地渔民祭海龙王的庙会上才会出现。

随着时间推移，渔民们的生活习俗不断演变，民间审美情趣不断提升，"水族舞"从内容到形式也不断充实、完善。为了更形象地表现海洋生物的千姿百态，渔民们用竹篾、白绸布或棉纸扎制了鱼、虾、蟹等海洋生物造型，再用水彩勾画，来协助表演。"水族舞"表演分为两种：一种是即兴表演，大家根据喜好，选择一种水族造型套在身上，随音乐手舞足蹈地模仿海洋动物的姿态，步伐多采用戏曲台步或秧歌步，也有的完全是即兴发挥。由于造型奇特、色彩鲜艳，加之表演者众多，气氛欢快热烈，"水族舞"深受人们喜爱；另外一种是带剧情的表演，表演时不但要有"水族"造型，还要有人物造型，通过人与"水族"的特有联系或特定环境，描述爱情、伦理或寓言故事，常见的曲目有《哪吒闹海》等。这种水族舞因为剧情运用拟人手法，情节曲折生动又贴近生活，比即兴水族舞更具魅力。

"水族舞"是纯民间的海洋文化艺术形式，几百年间通过"口传身授"进行传承。如今的"水族舞"，既有着不拘泥于形式、内容和场地，能够随意表达的灵活性，又符合按固定程式、固定内容在固定舞台上演出的规范性，已经登上了艺术舞台，作为山东重要的非物质海洋文化遗产得以传承和发扬。

现代"水族舞"

海边劳作的
渔民

海产丰富，渔俗百态
江浙篇

江浙，成千座岛屿散布于其浩渺海域之中，渔业资源得天独厚，海洋环境复杂多样，构成了千姿百态的海洋渔俗特色。舟山渔民，赖海洋之赐，得享渔场之饶，渔船、歌舞、画作，是他们对海洋的极致抒情；象山港渔民，千百年间缘港而居，在变化中流动，在不变中续写与海洋的不解之缘，渔村、渔节、渔宴，展现海洋文化韵味和渔家风情；琼港渔民，坐看潮起潮落，浅海成滩涂，海鲜、船名、渔号，美不胜收的渔家生活画卷在此展开。

海上千岛，万帆竞渔——
舟山渔民

　　成千座岛屿散布在烟波浩渺的东海中，如玲珑碧玉，若满绿翡翠。沧海桑田，海洋造就了颗颗明珠——舟山群岛。这里是渔之都，渔业资源得天独厚，四季都有鱼汛，使之成为中国渔场之首；这里是船之城，因船而成市，因船而兴港。赖海洋之赐，舟山渔民热情慷慨，他们以海会友，敢

舟山之船

俯瞰舟山

为人先，谱写了海洋文化的精彩篇章。

　　舟山群岛是我国最大的群岛，地处浙江省东北部。海中有岛，岛中有海，星罗棋布的大小岛屿，点缀于碧波万顷的东海海面，故舟山群岛有"东海明珠"之称。海岛特有的景致赋予了舟山群岛迷人的魅力，蓝天、碧海、绿岛、金沙、白浪，调出舟山群岛的斑斓色彩。

　　舟山之名，与舟有着不解之缘。古书云"舟山在川之南，有山翼如枕海之湄，以舟之聚，故名舟山"，或曰舟山"岛形如海中之舟"。舟山群岛历史悠久，古称"海中洲"。据考古发现，早在新石器时代，居住在舟山本岛西北部的先民就已创造了光辉灿烂的"海岛河姆渡文化"，被誉为"东海第一村"。天地一角，面朝大海，舟山聚居着真正的渔家。他们的文化在渔业发展的历史沉淀中，在渔家妇女穿梭织网的空隙里，在渔民号子响彻海天云霄时，展示着海洋的博大。渔与船、歌与舞、画与海，它们的碰撞和交流，是对海洋文化酣畅淋漓的抒情。海与人的故事，在这片土地上不断上演……

舟山港南门

浙江余姚河姆渡遗址

渔与船的习俗

　　渔业习俗、渔船习俗，是舟山海洋习俗的重要组成部分，世代传承。

海岛渔业

五六千年前，浙江余姚的河姆渡先民乘独木舟东渡，移民到舟山，开始了原始的海洋捕捞活动。最初是"木石击鱼，捕而食之"，继而"随潮进退，插簖堆堰，拦截鱼虾"，之后出现了梭镖、石箭头等捕杀鱼类的渔具。在逐渐熟悉和掌握潮汐和鱼汛规律后，舟山渔民发明了撑网、推缯等作业方式。

在古代渔法中，"撑网"又叫"插网"，唐代人称之为"沪"。在近海岸，插上一排竹竿，在竹竿上挂上渔网，形似一座网墙。当潮水上涨时，海水淹没渔网，待退潮时，鱼随潮走而挂在渔网上，其原理是利用潮水的涨落来拦截鱼虾。另有一种形式叫作"推缯"，又叫"推网"。推网是一种用两根长竹竿、几根小竹竿以及网片构成的三角形网具，一般在盛夏或初秋时使用。捕捞时，渔民站在齐腰深的海水里，手持推网缓缓前行。一旦发现鱼群，就把推网从海水中迅速提起，来不及躲闪的鱼儿就会落入网兜中。除此之外，还有张网、流网、拖网、围网等渔业捕捞方式和各式各样的渔具，足见渔业之盛。

舟山渔场一年有四个鱼汛，其中以春季的小黄鱼汛为一年捕捞之始，祭海开捕最为隆重。祭祀时，渔民将准备好的猪头、鱼、鸡等祭品端到船上，或在船头供祭龙王，或在船尾的圣堂舱供祭船神。船老大点燃香烛，三敬酒，祈祷龙王和船神保佑平安归航、喜获丰收。祭毕，将祭品中的酒以及少量肉食、鱼、糖果等抛入海中，以谢龙王和船神，俗称"行文书"或"酬游魂"。全船渔民痛饮"祭海酒"后，开船出海。此外，在年中时，也要举办祭海典礼，俗称"谢洋"，又称"谢龙王"，其仪礼和祭品与"小黄鱼汛"祭海略有差别。若渔业丰收，供礼倍增；若渔业歉收，则供礼稍减。一般情况下，上半年有小黄鱼、大黄鱼、鲳鱼、墨鱼等鱼汛，生产最为辛劳，收获亦较丰盛，所以在祭海典礼中，渔民会请戏班来海岛唱三天"谢洋戏"，饮"谢洋酒"，舞龙舞狮，喜庆丰收，气氛十分热烈。

木龙赴水

木龙赴水

"开门见海，出岛乘船。"船对海岛渔民来说，是重要的谋生工具，几乎到了"一日不可废舟楫之用"的地步。早在远古时期，这里的居民已能够制作独木舟。时光荏苒，舟山海船的种类愈加丰富。

舟山渔民称渔船为"木龙"，称船的筋木为龙筋，称船的骨架为龙骨。新船上龙筋是件十分隆重的大事，相当于建新屋上房梁。有的船主要择良辰吉日，在筋木上写上"圆木大吉"和"蛟龙出海"八个大字，再用红布遮盖，以求出海有个好彩头。

舟山渔船最鲜明的特点，莫过于船上两只炯炯有神的"船眼睛"，俗称"龙眼"。龙眼的造型十分独特。船体结构大致完工后，在船上安一块横木，称为"金头"。再在金头两侧安上两只龙眼。龙眼的形状为扁平半球形，眼珠突出，呈朝下状，显示出"看海中之鱼"的神态。造船匠还要为船眼上色，外圈涂一层白漆以示眼白，里圈涂一层黑漆以示眼珠。安装龙眼有个复杂而隆重的程序：雕刻好龙眼后，择吉日海上涨潮时，将龙眼钉在船首下角的两侧部位上，并且用五彩丝线扎在钉船眼的银钉上，俗称"定彩"；船主用崭新的红绸布将船眼蒙住，称为"封眼"；当新船下水时，在一片热闹的锣鼓声中，船主亲自将封眼的红绸布揭下，谓之"启眼"。渔民相信，船眼睛能够看清鱼群的所在，带着他们获得渔业丰收。

新船打造好后，油漆一新，就要下海出航了，舟山渔民称之为"木龙赴水"。"赴水"谐音"富庶"，故"下海"俗称"赴水"。"木龙赴水"有"抛馒头"的习俗，新船被渔民抬着从岸上往海边走，船主站在船头，往四处抛掷馒头，馒头抛得越高越远越好——高，寓意"木龙赴水"节节高；远，象征"木龙闯海"前程远。

复杂讲究的造船程序，彰显出舟山渔民对船的重视与对大海的敬畏。渔，是渔民的谋生方式；船，是渔民的谋生工具。有关渔与船的习俗，是渔民海洋文化重要的组成部分。

歌与舞的抒情

舟山渔民祖祖辈辈与海相伴、谋海为生，他们的经验与智慧凝成一首首渔歌号子、一支支渔家舞蹈。这是带有浓郁海洋气息与渔家风情的文化财富，也是舟山渔民品性的生动表现。

舟山渔歌

舟山渔歌是舟山民间文艺百花苑一朵耀眼的花，千百年来在当地一直口耳相传，不仅蕴含着劳作经验与生活哲理，而且体现出渔民的乐观主义精神以及豪迈、奔放、朴实的个性。渔民运用艺术方式，把海洋航行、海洋气象、渔业捕捞、鱼类习性等海洋文化知识，以这一形式一代代传承下去。

渔歌，顾名思义，就是渔民捕鱼、织网、晒网或休息时自编自唱的民歌。渔歌的内容包罗万象，有歌谣、号子等不同表达形式。舟山渔民的创造力丰富，甚至能将舟山渔场的图景用歌谣唱出来："南洋到北洋，舟山渔场蛮蛮长。三门湾口猫头洋，石浦对出大目洋，六横虾峙桃花港，洋鞍渔场

在东向……"渔歌是老一代渔民海上生涯的总结，易唱易记，形象生动，总是与满足人们的需要联系在一起，体现着渔民的意愿。

说完渔歌，再说号子。旧时，船只的行动完全靠人力，而且需要合众人之力，像起篷、拔网、摇橹之类，都不是一人所能完成的。号子不仅能起到统合众人力量的作用，还能为海上单调的生活增添活力。号子的歌唱方式一般为"领——合"式，即一人起头领号众人合，或者众人领众人合。例如《一六号》："（领）一六哎嗨，（齐）要里格赛力啰；（领）要好啰咳啦，（齐）要啰好来咳啦。（领）要啰好啰，（齐）三来；（领）要啰好，（齐）哎撒啦啦啦，啦啦啦啦。（领）哎，撒啦啦啦，啦啦啦啦，（齐）阿家哩啰，阿家哩啰。"这里的"歌词"，实际上只是标记音调的符号，没有具体意思。然而，这抑扬顿挫的号子，协调着众多渔民的起篷动作，抒发着渔民在劳动中豪爽粗犷的情感。

俗语说："船隔三寸板，板里是娘房，板外见阎王。"渔民出海捕鱼，面对的是汪洋大海，环境十分险恶。渔民的这种生活环境和状况，使得他

们具有特别强烈的生命意识。这种强烈的生命意识在舟山号子中得到了鲜明的体现。《起篷调》体现着渔民起篷时的豪情："撑船哪能怕对头风，晒鲞哪管太阳红！要摸珍珠海底钻，要打大鱼急起篷。"而《起网号子》更是粗犷豪放："一拉金嘞嗨唷！二拉银嘞嗨唷！三拉珠宝亮晶晶，大海不负打鱼人！"

这渔歌，这号子，唱出了渔民生活的酸甜苦辣，唱出了他们对生命的感悟，以及对海洋的认知与期盼。在悠悠岁月中，渔歌和号子从形成到兴盛，直至如今，未曾衰绝，始终传唱于舟山群岛的广袤碧海。

舟山渔民号子 ——《起锚》

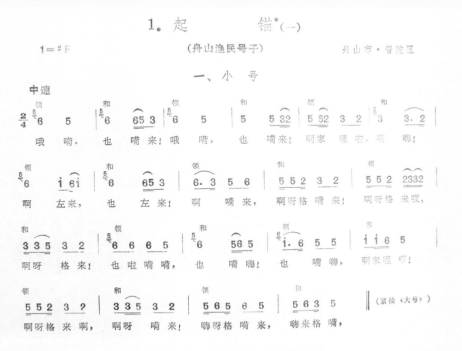

舟山跳蚤舞

跳蚤舞，是舟山群岛颇具魅力的海洋舞蹈，也是"船舞"的一个重要组成部分。每当群岛上举行盛大的文化娱乐活动，都会表演跳蚤舞。跳蚤舞因其舞姿酷似跳蚤而得名。原本只有两位舞者跳跃逗趣，无故事情节，1922年，白泉有表演者将"济公斗火神"情节融入其中，跳蚤舞从此开始有了人物形象。

跳蚤舞形成于清朝乾隆年间，由福建渔民传入舟山沈家门渔港。彼时的沈家门是各地渔民在舟山渔场的主要定居点和集散地。每逢鱼汛，千舟闹海，桅樯如林，东南沿海以及长江流域的各种戏剧曲艺、杂耍百戏涌入舟山，跳蚤舞由此产生。

跳蚤舞在始发阶段并没有故事和情节，它只是一种抒发渔民欢乐情绪的纯逗趣性的舞蹈。整场表演由两个演员完成，都是男性，女角由男演员反串。在这双人舞中，以男舞为主，女舞为副。20世纪初，跳蚤舞由原来

单纯喜庆丰收的娱乐性舞蹈变成祭灶神的仪式舞蹈，与当地"送灶敬神"活动结合了起来，活动场地也由广场、大街，转移到家家户户的室内灶头。按照舟山的民俗习惯，每逢腊月二十三，即灶君"上天言事"的日子，家家户户都要"祭灶"，以使灶神愉悦，祈求消灾除祸，辞旧迎新。所以，跳蚤舞又称"跳灶舞"。这是跳蚤舞与民间信仰的结合之始。

舟山跳蚤舞，以原生态的艺术特征，传承着海洋文化，折射出浓郁的风土民情，使舟山散发出独特的海岛魅力。虽然在发展进程中，跳蚤舞曾被遗忘过、禁止过，但经受了时间和历史的考验，如今已被一代又一代孜孜不倦的耕耘者赋予了新的内容和新的审美价值，成为中国舞蹈文化长河中闪光的珍品。

画与海的交流

海洋养育了舟山渔民，教会了他们如何欣赏身边的美景；海洋也激发

舟山沈家门渔港图

了舟山渔民，使他们拿起画笔纵情挥毫，用淳朴的想象，传承久远的民间审美情趣，以真挚的情感，描绘出一幅幅奇趣动人、夸张抽象、神秘艳丽的海洋画卷——舟山渔民画。

自 20 世纪 80 年代初，舟山渔民在一批美术工作者的点拨下，用手中画笔去叙事、去造境，绘出了五彩缤

舟山渔民画

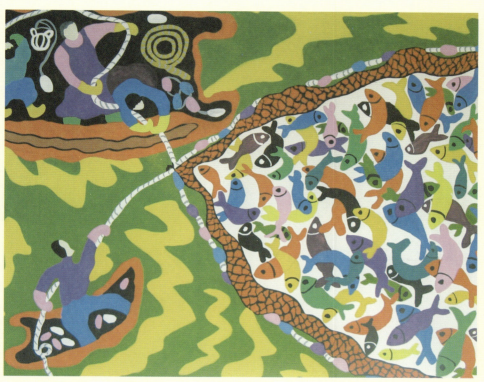

舟山渔民画表现的多是大海及与海有关的事物

纷的大海和在海边生活的图景，将渔民吃苦耐劳、自强不息、迎浪而上的性格与精神展现出来，从而走入了与海洋相关的艺术世界。舟山渔民画的创作者，正是海洋的忠实守望者。

舟山渔民画表现的多是大海及与海有关的事物。渔民出没于狂风巨浪，甚至生死搏斗的生活经历，使作品呈现出奇幻、神秘、抽象得近乎怪诞的风格，又通过造型上的夸张和色彩上的艳丽赋予作品强烈的地域特色和海洋意识。如今舟山渔民画特有的艺术魅力已吸引了世界的目光。

舟山渔民画

　　舟山画家热爱自己的海岛，热爱自己的劳动和生活，他们从客观事物的真实形象出发，进行大胆创意，用画笔流露自己对生活的真情实感和对大海的深情眷恋。其作品散发着浓郁的"海味"，比如，有的作品会在鱼的身上画很多的鱼网、海鸥及海洋动物，将这些东西巧妙地组合在一起，交织成一个颇具海洋特色的造型。

　　浓郁的海岛风情、神秘的海洋故事，通过渔家儿女别样的手法，成就独特的艺术风格。一幅幅生动别致的渔民画作，仿佛是一块块舟山文化的宝石，使我们从中领略到海洋之子的无穷魅力。

渔乡风貌

百里海岸，千年渔乡——
象山港渔民

  港中有湾，湾中有港，海洋生态与陆域生态完美结合，成就象山港这一"风水宝地"。海上仙子国，万象图画里。千百年间象山港渔民缘海而居，续写着与海洋的不解之缘。渔村、渔节、渔宴，在变化中流动，在不变中永恒，展现着传统海洋文化韵味与渔乡风情。

象山港，地处宁波市大陆海岸线中段，是一个嵌入内陆的半封闭式狭长港湾，沿港两岸分属奉化、宁海、象山和北仑等。

象山港旧称象山浦，作为浙江省东南沿海门户，历史上是海防要地。明末抗倭，在湾口两侧郭巨、钱仓设千户所。1899 年，意大利军舰入侵，威逼清政府"租借"港湾附近一带。1940 年，日军曾于湾口北岸登陆入侵。如今，象山高泥港已建成军港。

港湾山青水静，海岛风光优美，海水依偎群山间，山光水色相辉映。除此之外，象山港水域辽阔，滩涂遍布，海水清澈，稳定的海洋环境十分适合生物栖息、生长和繁殖。湾域生物资源丰富，品种繁多，鱼汛期长，盛产大小黄鱼、带鱼、鲳鱼、鳓鱼、马鲛鱼、鳗鱼等海产品，近海捕捞和贝类养殖业非常发达。

悠久的捕捞和养殖历史，造就了象山港浓郁的渔文化氛围。时间推移到现代，当地的渔村、渔节、渔宴已成为展示象山港独特风光和风俗民情的一个窗口。

桐照，中国第一渔村

在象山港的北岸，闪烁着一颗璀璨的明珠，这就是中国第一渔村——桐照村。

桐照村位于浙江省奉化市莼湖镇，地处象山港畔，三面环海，在蔚蓝色大海的衬托下，犹如一条畅游大海的鱼，蔚为壮观，素有"鱼米之乡"的美称。

据《奉化县志》记载，五代时已有桐照之名，"后山名高梧，山上梧桐繁生，枝叶对照辉映，故名桐照"。

桐照渔村背山面海，依山坡而筑，整个村被群山碧海环绕。梧山路以北为古村，呈菜刀形，以南填海建屋为桐照新村。历史建成区基本保持原有格局和原有的功能，传统建筑错落分

渔民出海

布在古村老街两侧，建筑多坐北朝南，其间弯曲小巷纵横交错，相互连通，房舍鳞次栉比。早在宋代，桐照就形成了渔村。2010年，桐照被中国渔业协会评为"中国第一渔村"。

桐照村民祖祖辈辈以海为伴，以渔为生，形成了丰富的渔文化，渔歌便是其中的一个重要组成部分。桐照渔民在长期的生活和劳动中，运用简朴的方言，创作了一首首脍炙人口的渔歌，代代相传。

这些渔歌可唱可白，唱的大都是"五更调""花牌调"和"杨柳青调"，唱词基本为七字句式，四句或八句一节，有的可以达到二十多句一节。其形式有一问一答，也有叙唱故事。语调有低沉凄凉的，也有婉转明快、热情奔放的，朗朗上口，富有韵味。最能体现渔家生活特色的是《渔家谣》："吃吃鲜鱼鲜汤，困困活龙眠床；穿穿叫化衣裳，爹娘看见眼泪汪汪。头戴帽子开花灯，脚踏鞋爿咣后跟；上穿衣衫层打层，下穿裤脚打结根。"

汹涌的海浪，造就了一代代捕鱼能手；呼啸的海风，奏出了一曲曲蓝色渔歌。桐照村的渔歌，显示出其独特的渔业文化，是这千年渔村聚落的符号。

开渔节，唱响渔文化

每当渔汛来临，渔船即将扬帆远航的时候，东海渔家总要举行一系列祭祀和祈祷活动，这是独具魅力的东海渔家文化。

1998年，地处东海之滨的象山县在东海休渔结束时举行盛大的开渔仪式，欢送渔民开船出海，首创了开渔节。"红灯一盏照碧海，笑迎八方嘉宾来"，如今的开渔节已成为极具特色、内涵丰富的海洋文化盛会。

对民间信仰与习俗的尊重是开渔节的一大主题。在开渔节里，最盛大的民间祭祀，要数祭妈祖巡游活动。当日下午，号角向天而鸣，礼花一齐燃放，主祭人和副祭人一起向妈祖像敬献花篮。随后，船老大、各渔村渔民相继奉上高香。紧接着，向大海和妈祖神像敬五谷、五果和三牲等。渔家汉子们高举海碗向大海和妈祖敬酒喊颂："一敬酒，感恩海洋；二敬酒，波平浪静；三敬酒，鱼虾满仓。"随之热闹欢快的舞乐响起，渔家小伙和姑娘跳起了祭舞。最后，当地的鱼灯、马灯、百兽灯欢快地舞了起来，东门船鼓震天响，把祭海活动推向高潮。

开渔节对远航打鱼的渔民来说，是一份祝福；对在家盼望渔船平安回来的亲人，则是一份安慰。一年一度的开渔节，是一年一度的集体狂欢，它使一个城市、一个古镇获得了集体的记忆，也成为他们的文化共识。

美食，海鲜十六碗

"天下海鲜数象山，黄金海岸美味多。"象山渔民世代以渔为生，以鱼为食。独特的海鲜餐饮文化由此产生，而"海鲜十六碗"则是其中的代表。

俗话说："靠山吃山，靠海吃海。"象山濒临海洋，盛产优质美味的海鲜。象山石浦海鲜种类繁多，金色的大小黄鱼、鲜美的鲳鱼、肥嫩的海蟹、晶莹的白虾，还有墨鱼、望潮、鳗鱼、鲻鱼、鳓鱼、虾潺、银蚶等，享誉省内外。得益于如此丰富的海产，象山"海鲜十六碗"应运而生，闻名浙东。

在老渔民的记忆里，海鲜十六碗有着久远的历史。明洪武年间，倭寇猖獗，当时的名将吴大醒认为，象山天门山据扼要津，应建卫城，于是在朝堂上据理力争，并主动请缨，担当重任。卫城造好后，造福一方，百姓十分高兴，都想答谢吴将军。岛上一位德高望重的老人说："逢年过节，我们都用十六碗来祭祀祖先。吴大人是我们的父母官，我们也要用十六碗来招待他。祭祖的菜肴是荤素搭配，既然这里鱼虾贝螺多，就烧个十六碗海鲜招待吴大人吧。"带着深深的感恩之情，象山海鲜十六碗就此流传下来。

象山的"海鲜十六碗"菜式定位为4道冷盘、12道热菜，依次是生泡银蚶、鲜呛咸蟹、五香熏鱼、大烤乌贼、三鲜鱼胶、椒芹汤鳗、脆皮虾潺、双色鱼丸、渔家白蟹、盐水白虾、清炖鲻鱼、葱油鲳鱼、红烧望潮、雪菜黄鱼、

五香熏鱼

滑炒鱼片、菜干鳓鱼。而且,每个"十六碗"菜色都配有一首诗、一个传说,生动而形象。

"自幼宠爱龙王宫,琼浆滋体味不同。金锅忽贯云雷气,乾隆不忘海天东。"这首诗描述的正是"海鲜十六碗"中的第七碗——"脆皮虾潺"。传说乾隆下江南时,在浙东海滨品尝过龙头潺烤,直赞其鲜嫩无比,可口入味,便问此为何物,随从禀告:这是虾潺,传说是东海龙王的后代,看其头状似龙头,其肉形如珠玉,深受龙母宠爱。

"白蟹一盘满座香,持螯把酒兴飞扬"讲的是"海鲜十六碗"中的"渔家白蟹"这道菜。白蟹又名梭子蟹,滋味极美,被称"天下第一鲜"。象山人相信,梭子蟹原是天上织女的梭子,不小心掉入东海,变成了梭子蟹,这是上天恩赐的独特美味。

"轻舞软肢逐浪游,海边夜夜望潮头;飞来海马擒将去,八足捧头作珍馐"说的是"红烧望潮"。"八足捧头作珍馐"正是对烹熟后望潮球形身躯配上卷曲触脚的形象刻画。望潮,又名短腿蛸、短脚章、短爪章,关于它还有个颇具喜感的传说。传说,望潮曾和墨鱼一样有八条长足,却因贪懒贪睡,没有及时和墨鱼游往温暖的南方,被困于海滩泥洞中,饥饿难挨,忍痛吃了自己的八足,只剩下光溜溜的体腔。所以至今沿海渔民还流传着"九月九,望潮吃脚手"的谚语。

"鲜",是大自然给予象山的恩赐,食客们闻"鲜"而来。如今的"海鲜十六碗"不单配有"一诗一传说",还把歌舞融入其中,发展成"一菜一诗一歌一舞一传说"。食客在享受海鲜大餐的同时,也享受了一次别样的文化盛宴。而这些被重新发掘、考证复原的民俗,不仅把象山石浦的海鲜送出了象山港,而且把当地的渔文化一并送了出去。到如今,"海鲜十六碗"早已"鲜"名过港。

渔民开工

因海而生，因渔而兴——
弶港渔民

　　面朝大海，背倚平原，南枕长江，北望徐淮，这里是江苏弶港，一座因海而生、因渔而兴的小镇。沧海桑田，几百年的潮起潮落，将浅海塑造成滩涂，大海的无私馈赠成就了渔港的美名。海岸上响彻铿锵有力的"渔民号子"，沿海湿地刻画着迷人的滩涂风光，这是一片神奇的"生长着的土地"，美不胜收的渔家生活风情画卷在此展开。

　　东台市位于江苏中部沿海，是美丽富饶的湿地之城。弶港镇坐落于东台市黄海之滨，拥有几十千米黄金海岸线，连陆滩涂百万亩。"潮起一望无垠，潮落一马平川"，这种"两分水"的海上奇观，在世界海岸带中很少见，是联合国认可的太平洋西岸未被污染的原始生态海边湿地。弶港的湿地面积达 18 万平方千米，一望无垠的滩涂孕育了丰富的生命。因港汊纵横、水

弶港渔景 吴志忠 / 摄

弶港滩涂广阔 郭凡 / 摄

温适宜，这里早已成为鱼虾蟹贝繁衍栖息的"天堂"。

然而，200 多年以前，弶港还是一片汪洋。随着海洋潮汐变化，泥沙淤积形成一方滩涂，海岸线逐年东移，才逐渐形成了露出海面的沙屿。弶港的得名，源于乾隆初年。那时，海滩的面积逐年增大，聚集的渔船也越来越多，赶海的渔民常在此地歇脚，这里成了上百艘渔船的大本营。为了遮风避雨，渔民在海滩上筑起土墩，并建起了一些能够居住的棚屋。日复一日，这里渐渐人烟稠密。据史料记载，乾隆三十三年（1768），在此定居的渔民已有百余户。由于古人将打猎捕鱼叫作"打弶"，而渔民又住在海滩堆起的土墩子上，久而久之，这里便成了渔民口中的"弶墩子"。

尽管"弶墩子"的海滩非常开阔，但因为吃水太浅，只能停靠小型渔船。乾隆五十年（1785），"弶墩子"迎来了一场百年不遇的大潮，潮水将海滩冲开了一条巨大的缺口，从此形成了一个可停靠大型渔船的港汊。随着渔业生产的发展，这个天然渔港"弶墩子"也就演变成了"弶港"。

玩在香港，食在弶港

弶港人以捕鱼为业，各种海鲜自然是当地的特产，素以品种多、口味好而远近闻名。面对令人垂涎欲滴的四时海鲜，游人禁不住发出了"玩在香港，食在弶港"这样的笑赞。

弶港自北向南，有多个天然浅海渔港，又东临吕泗渔场，渔业资源极为丰富。每年渔期，鱼、虾、蟹等上百种海洋生物集中在此。有大海的无私馈赠，数百年间时时有一艘艘渔船满载而归，为渔民带来了富足与希望。如今弶港已凭借渔业的兴盛成为国家一级渔港。

弶港有独特的青沙土质，适合各种贝类的生长。这里出产的贝类有区别于其他地区海产品的奇特口味。久负盛名的文蛤，是弶港的海鲜佳品，享有"天下第一鲜"美誉。这里还是具有"软黄金"之称的鳗苗洄游生长的天然场所，鳗苗资源居全省之首。此外，"未熟香浮鼻"的凤尾鱼、号称"鱼中美仙子"的滩涂鲻鱼、被誉为"海鲜之王"的竹蛏、可口无沙的黄泥螺、玲珑剔透的蓝虾等，都是闻名遐迩的特色海产品。

弶港的特色海产品多达数百种。其中，四角蛤（又名"白文蛤"）是当地人情有独钟的海鲜。在渔家娶亲的宴席上，其他佳肴可以缺少，唯独这道美食不可或缺。据说婚宴上有了四角蛤蜊，新人婚后才能得子。弶港人还钟爱紫菜，称清淡的紫菜为"神仙菜""长寿菜"。

弶港人以捕鱼为业 郭凡 / 摄

弶港渔民在卸海鲜 郭凡 / 摄

渔船船名，千奇百怪

　　弶港人以渔为生，以船为伴。船，是渔民最重要的财富，也是最根本的谋生工具。弶港的渔船多是大木船。为适应弶港独特的滩涂地貌，渔民因地制宜，将普通渔船的尖底改成宽平的船底，以使渔船能够轻松稳当地驶入凹槽中停泊。

　　当地渔民造船，至今仍依照老祖宗流传下来的古老工艺，不需要设计图纸，也不需要机械设备。他们剖木选料、打孔钻眼、拉弧起翘、拉大锯……所有工艺流程全靠人工操作，凭的是木匠经验与手工技艺。

　　对于渔船来说，坚固性最为重要。弶港人造船不用任何螺丝，而是用铁钉将木板连接，因此习惯将造船称为"钉船"。造船所需要的铁钉和其他铁件，都是由当地铁匠一锤一锤地锻打制成的。在开工造船前，船主会请铁匠去造船处开设铁工火炉。造船开

琼港人以渔为生，以船为伴 朱亚平 / 摄

始后所需的各种铁件，铁匠都会立即按需打造，以供木匠使用。

造船的木匠"权力"很大，不仅造船的一应事宜由他们安排，给正在打造的木船起名也是他们的"专利"。对于船主来说，最希望给自家渔船取一个好听的名字，因此对木匠十分恭敬。一般情况下，木匠会根据船主的品性为新船起名字，对于一贯吝啬的船主，木匠给船起的名字就比较小家子气；而对于平时积善积德、慷慨大方的船主，船名自然就起得大富大贵。

因此，船名与船主有着千丝万缕的联系，真正是"船如其人"。比如"顾大话"，说明船主姓顾，平时喜欢说大话；"臭车螯"，说明船主平时不修边幅；"两纲方"，表明船主靠两张渔网起家；而"着肉刀"，则意味着船主原先是卖猪肉的，后来改行当了渔民。

更重要的是，船名一旦流传开来，就成了渔船的"身份证"，易主不易名。只要船在，人们叫起它的名字，便会想起船主为人如何。对于木匠起的含贬义的船名，即使船主将其改成好听的、吉祥的名字，人们也不会认可，最后船主还是不得不沿用原来的船名。

实际上，尽管渔民品性不同，但在海上劳作时，都很有拼搏精神，以敏锐、灵活地应对海上各种风险，用经验和技巧判断鱼群方位以获得海产的丰收。面对海洋，容不得一丝马虎，弶港渔民向来重视同舟共济、同心协力，而渔民号子就是他们这种合作精神的最直接的体现。

弶港渔号，海上重奏

弶港渔号，是弶港渔民在长期与大海相伴、耕海牧渔中创作的渔家歌谣，以吆喝、呐喊为主，伴随着劳动节奏而唱，不仅表现出弶港渔民纯朴爽朗的个性，也反映了他们劳动时高涨的热情和对海洋捕捞生活的热爱。

闯海打鱼一直是弶港渔民的生活

赶海的弶港渔民　吴志忠／摄

重心，但是高强度的海上劳作也给渔民造成了非常大的身体负重压力，因此既需要用一种语言来协调劳作、统一步伐，同时也需要用这种语言来表达自己劳动过程中的心声和体验。起初，渔民们只是不经意地发出吆喝或呼号等喊声，并不作为一种号子。随着渔业的不断发展，有些大型生产用具需要多人搬运，为了达到用力一致，就由一个人领唱，多人搭腔，打起了号子，久而久之也就形成了渔民号子。这些号子多由渔民集体创作，子子孙孙口耳相传。

弶港渔民号子根据不同的捕捞环节、劳动内容以及歌唱强度的不同，主要分为"单人""双人"和"多人"三种。单人歌唱的有点水号子、挑担号子；双人歌唱的有淘鱼号子、吊货号子；多人歌唱的有盘锚号子、扛船号子等。这些号子歌词简洁，内容丰富，声情并茂，曲调高昂、悠远、悲怆，原汁原味，富有生活气息，真实地体现了弶港渔民劳动的过程，恰如其分地表达了渔民的心声。

如果说大海是渔民的命脉，那么渔歌号子则是海之魂、海之韵。无论是过去、现在，还是将来，弶港渔民号子都是弶港海洋文化的重要符号。

晨曦初露，落日余晖，星辰变幻，四季更替。时光虽不曾放慢她的脚步，但在这片风光迷人的滩涂上，激荡雄壮的涛声和渔民勤劳勇敢的意志却始终未曾改变。弶港渔民创造的海洋文化，犹如一杯美酒，历久弥香。而弶港，好似一曲悠长的海之歌，在被阳光照射的流金溢彩的滩涂上，继续酣唱着沧海桑田的变换。

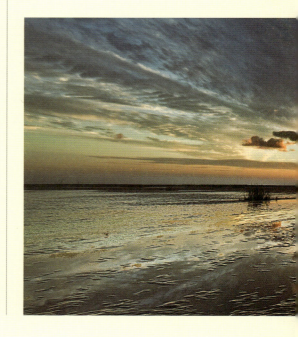

唱渔民号子的渔民

琼港之海

闽台海之
风光

百越后人，多彩渔族
闽台篇

闽台隔海相望，自古便有着千丝万缕的联系。这里分布着闽越后裔——疍民，他们世代居于海上，以海为陆，以舟为宅，千百年来历经风雨，葆有族群传统与记忆至今；这里也是惠安女的家园，海洋文化的洗礼造就了惠安女刚柔并蓄的品性，奇异靓丽的服饰装点了她们的生活，她们是海与石的女儿；这里还是宝岛"飞鱼部落"的天堂，达悟族作为兰屿的土著民族，视飞鱼为神赐的礼物，深深懂得与大海的相处之道。海洋是闽台海洋部落的蔚蓝背景，闽台海洋部落是海洋文化的生动呈现。他们世世代代乐活、坚毅，血液中流动着的正是海洋的精气神。

逐鱼踏浪，居舟泛海——
疍民

疍民，一个古老而独特的海上部落。他们世代以舟为家，以渔为业，终生漂泊于海上。漂泊，是他们永恒的主题；舟楫，是他们忠实的伙伴。一家一艇，历经千年而未曾改变。这是一群将生命托付给了大海的人，血液里流淌着海的律动。

疍民以船为家

疍民是"水上人家"，蜑、蛋民、游艇子、白水郎，都是对他们的称呼。这些极具特色的称呼是族群历史的延续，也是海上生活的体现。其中，"蛋"这个发音源自于古越语，越族人没有文字，中原人就创造了"蜑"这个合体字。这个字比较生僻，后来人们将其换成同音且常用的"蛋"。到了民国时期，知识分子认为"蛋"这个称呼带有歧视意味，将其变体为"疍"，一直沿用至今。疍民也乐于如此，他们希望自己像海平面上升起的太阳一样熠熠生辉，富有朝气和希望。对于疍民这个称谓的来历，人们有许多想象和推测，一说是因为他们居以为家的舟楫形似蛋壳浮于水面；另一说则认为是由于他们常年生活于海上，犹如漂浮于海上的鸡蛋，飘摇而脆弱。不论如何，这些说法确实道出了疍民的许多特点。这已漂泊千年的船与人，历经风雨延续至今。

疍民的家

关于疍民的来历，自古有许多说法。疍民"自云龙种"，认为自己是龙的后代，大海是他们真正的归宿和乐园。而史志记载，疍民是百越中的闽越一系的后裔，一部分闽越后人逃亡于江海之上，过着以舟为宅、以渔为业的水上生活，成为疍民的先祖。还有一种说法是东晋刘宋时期孙恩、卢循起义失败，余部散居于海上，遂发展繁衍为如今的疍民。

在2000多年前的秦汉时期，疍民就走向了海洋，成为中国海洋上的居民。他们世世代代生息于海上，接受海洋的馈赠。海洋养育塑造了疍民，疍民也丰富了海洋文化，他们的生产生活方式以及习俗艺术无不深深地烙上了海洋印记。

《太平寰宇记》书影

以渔为业，以舟为宅

宋人乐史在《太平寰宇记》中对疍民有这样的描述："生在江海，居于舟船，随潮往来，捕鱼为活。"这是对疍民生产生活的精炼概括。在唐宋时期，疍民发展到一定规模，成为一个独立的海洋社会群体，传承的是"以渔为业，以舟为宅"的"耕海"生产生活模式。

以渔为业

疍民是以捕鱼为生的专业渔民，除了捕鱼几乎没有副业。撒网打鱼是疍家男人的工作，他们用勤劳的双手挣取家用。女人则在闲暇的时光里用灵巧的双手编织渔网，期盼渔产丰收。

疍民居无定踪，逐鱼而行，广袤的大海就是他们的"土地"。每年夏季鱼汛期间，鱼群应候聚集，疍家渔船也应时而至，整片海域舟艓如织。白日里，渔歌互答，笑声不绝，划桨声、锣鼓声和收网鼓劲儿声交织在一起；当夜幕降临，"渔舟云集，灯光掩映，与波上下，金光万道，箫鼓管弦之声，连宵达旦"，这是疍民庆祝收获的狂欢。

以舟为宅

船是疍民最重要的财产，也是他们的家庭住所，通常老少几代都一同住在船上。疍民船只大多五六米长，三四米宽，首尾尖翘，中间平阔。船首是撑篙、撒网的劳动场所；中部是全家人的卧室，也可以用作货仓，一般由两到三节组成；船尾是厨房，还可养家禽甚至养猪。船只布局紧凑，空间利用充分，可谓"麻雀虽小，五脏俱全"。而且闽东疍民的"连家木船"底部吃水部分呈三角形，稳定性极好，在江海中随浪起伏，不惧倾覆。疍民习惯用竹篾和帆叶编织席篷，覆盖在船舱上，捕鱼时可以将它折叠起来放在后舱，到了晚上将其拉开覆盖整个船只，可以挡风、御寒、遮雨。疍家船是疍民在世代与大海打交道过程中的传承创造，是他们海上生活的写照，彰显了疍民与大海和谐相处所表现出来的智慧。

疍民生活清贫，他们靠海吃海，渔获多少依赖于大海的恩赐；疍民辛劳，浩瀚大海不会总是风平浪静，也有狂风，也有骤雨；疍民乐观，他们以苦为乐，生活简单而质朴，温暖又自在。

岁时节日，人生仪礼

疍民在与海洋相识、相处、相知的悠长岁月里，怀着对浩瀚大海的敬畏，怀着对美好生活的期盼，与风浪相伴，用辛勤劳作去拼搏、去收获。其行动与向往慢慢积淀，形成了具有浓郁海洋特色的日常仪礼与节庆习俗。

疍家最信妈祖婆

疍民海上作业艰苦，航行也有很大风险，他们最大的心愿是每次出海能够一帆风顺，平安返航，也期盼能够满载而归，来维持整个家庭的生活。在这种情形下，疍民出海时会通过烧香求神祭拜来祈求平安。

在各路神灵中，疍民最感亲切的是妈祖，称她为"妈祖婆"或"阿婆"。妈祖原名林默，宋代福建莆田人，多次救助在海上遇险的渔民和商船，但在一次海上救援中不幸遇难。人们感念她的恩德，千百年来一直传颂着她的事迹，使之成为民间和官方一致认可的航海保护神。因妈祖"著灵海上"并源自福建，疍民对她格外尊崇。在沿海村镇和疍船可以到达的较大码头，都可以看到妈祖的庙宇，不少疍船上也供奉着妈祖的神位。每年农历三月二十三妈祖诞辰日和九月初九妈祖"升天"日，都要举行大祭，是时舟船齐聚，庙宇香火缭绕。

疍民一家一艇，族群中没有公共活动场所，聚众集会往往选择在附近的妈祖庙进行。对于这个常年处于流动和分散状态的族群来讲，妈祖是他们的精神支柱。

风格独具海上婚

婚嫁是人们长大成家的见证，是人生仪礼中最隆重的部分。疍家人的婚礼风格独具，是名副其实的"海上婚礼"。

旧时婚姻多是父母之命、媒妁之言，疍民也不例外。但是有一点，他们不与陆上人通婚。女儿成年待嫁时，父母会在船尾放一盆当季鲜花；儿子成年未聘，则会放一盆绿草，昭告周边自家有儿女可以婚嫁。双方聘成，就会按照送礼、冠礼、过关等程序准备婚礼。佳期来到那天，男女双方以及亲朋好友早早就会将船靠在岸边，

临近的岸上村民也会来看热闹的"海上婚"。新郎的喜船披红结彩，喜气洋洋，新娘家的船也是一派喜庆。新娘一身红装，红布盖头，低声吟唱着祖辈流传下来的《婚船哭》，表达对娘家的留恋。新娘"哭嫁"时，母亲和姐妹要"骂嫁"，用难听的话来骂男方亲家，骂得越凶越吉利。不仅如此，疍家还有"抢婚"习俗。良辰将至，新郎的喜船驶靠上新娘的船，在司仪宣布"抱新娘合婚"后，新郎就过船去抱新娘，这时女方亲友就会用竹篙来阻挡，双方乒乒乓乓，好不热闹。新郎瞅准时机跳上女方船，抱着新娘就跑。女方亲友一看阻挡不成，干脆将他们都推下船，来个"如鱼得水"。男女亲家将染红了的"喜蛋"抛下，亲朋好友纷纷跳下船，你争我抢，新郎趁机赶紧抱着新娘登上喜船，更衣拜堂。

疍民的婚俗复杂，浸润了生活的酸甜苦辣；疍民的婚礼独特，虽然形式不同于岸上人家，但同样收获了祝福。新人带着大家的美好期盼，从此开始了崭新的海上生活。

疍歌婉转，衣饰素简

"中帆拔起咧咧哮噢，起碇吹螺就开流啰，各个渔民齐齐到噢，船到渔场就要敲啰……"这是疍民的渔歌，是他们的创作，唱的是他们的喜乐愁，传的是他们的精气神。

疍民身着蓝黑，纵然无华，衣饰却如人，坚毅、朴实，亦是一道海上风景。

随情即兴疍民歌

疍民善于歌唱，渔歌通常是他们因境随情即编即唱，是他们对劳动生产和生活情感的总结和反映。疍民渔歌主要有"盘诗"和"唱贺年歌"两种歌唱形式，用地方方言吟唱。渔歌高亢而悠扬，粗犷又深情，唱出了地方特色，也唱出了疍民的悲欢。

盘诗是疍民渔歌最主要的形式，通过依诗行腔、吟唱式的盘诗对唱，唱人唱事唱史唱情，以达赛歌娱乐、斗智抒情的目的。每逢节日，疍船集聚进行男女渔歌对唱，一问一答，一来一往，十分有趣。歌词内容包括男女求爱、互嘲互谑、祝福平安吉祥等。

开场歌是"一条竹仔软丝丝，撩你对面来盘诗。跟你上段盘下段，莫盘坏诗盘好诗"。开场歌唱完，对唱正式开始。对唱中有祈盼美好的盘诗，如"哥汝尽管使力撑，好好送客回家乡。江上渔歌唱不尽，鱼香米香船也香"；也有求偶示爱的盘诗，如"十把竹篙一样圆，哥今下水去撑船。彩礼积够回家转，讨妹过门入洞房"；还有善意戏谑的盘诗，如"水里戴花手战战，水里涂粉镜光光。水里画眉影弯弯，水里掏杖怕佬官"，等等。盘诗对唱，采用了传唱千百年的疍家曲调，歌词七字一句，多是四句一段。歌唱者可以随意编创，双方一问一答，考验的是歌者的灵活与机智。

在春节期间，疍家妇女不论贫富，都要三三两两，或母女相携，或婆媳结伴，或姑嫂相牵，上岸到各家各户去唱歌贺年，祝愿人们富贵吉祥。陆上居民则以米粿作为回馈，彼此都认为是非常吉利的事情。这是疍家的"讨粿"习俗。唱贺年歌讨米粿最初是疍家男人做的事情，后来逐渐由女人担当。她们走街串巷、进门入户唱贺年歌，演唱时右挎小竹篮，左拿小竹筒，边唱边敲打用来伴奏。采用的曲调既有传统的疍民曲调，也有清唱小调，歌曲委婉动听。其风俗寓意正如《贺年》所唱："姑嫂双双贺新年，红红伞灯挂窗前。一盒龙烛光又光，十只金盏排桌上。四块金砖来铺路，金砖铺路到堂前。手捧米粿送奴去，给奴千家过一年。"

一支支渔歌承载着疍民对生活的感悟和族群的情感，代代相传，传诵着族群的历史，传诵着生活的喜怒哀乐。

素简质朴疍家衣

长期的行船摇橹撑杆和海上船居生活的需要，使疍民衣饰明显区别于陆上居民，形成了疍民独特的衣饰风俗和审美观念。

疍民衣裤质地和花色相对单一，主要由染成蓝黑色的土布、麻布制成。土布制成的"拢裤"，深裆大腰，大裤脚管，长及膝盖，正反皆可穿，蹲站都舒适，避脏、通风，俗称"曲蹄裤"（曲蹄，疍民别称）。福州俗语是这样形容的："曲蹄裤既像裙又像裤。"宽松肥大的衣裤是为了满足海上生产和生活的需要，心灵手巧的疍

疍家衣

家女会在衣襟袖领上镶上寸余宽的黑色条边，偶尔也会绣上图案，这是她们对美的追求。

疍民在海上捕鱼时，还会穿咸草裙。海上风狂浪大，海水常常溅湿他们的衣裳，久而久之容易破碎。疍民就地取材，用咸草编织成衣服，隔绝风浪，非常耐用。除此之外，"油衫裤"也是疍民出海捕鱼作业时必备的"工

作服"。疍民将本色的龙头细布剪裁制成衣裤，先用特制的红柴汁染浸，再擦两遍桐油，最后再盖上一遍面光油，"油衫裤"就制成了。这样的桐油衣裤穿起来十分舒适方便，还能防水防晒。

疍家衣饰的最终面貌是疍民千百年来生产经验的总结，虽简，却美。

新疍民，新风貌

"世世水为向，年年艇为家。沉浮波浪里，生活海天涯。"这是疍家的歌谣，也是他们生活的写照。大多数疍民"一生脚从未沾陆"，世代相承地、执着地依赖着他们的海上家园。大海是他们施展才华的舞台，也是他们自由驰骋的天地。

自明清海禁实施起，疍民就开始了从海洋到陆地的迁徙。"托身鱼虾族，寄命波涛间"的疍家男儿不畏风浪，却极不适应陆上的生活，走起路来晃晃悠悠，头晕目眩，文人称这种现象为"晕陆"。几百年间，一批批疍民登上陆地，有的成为佣工，有的在岸上安家落户，他们与岸上居民的交往多了起来。

新中国成立后，政府出于对疍民的关怀，支持他们在岸上建造房屋。有对联写道："千年浮水面，今日岸上迁。"迁上岸的疍民过上了脚踩坚实土地、睡觉不再摇晃的生活；仍选择在海上生活的疍民，日子也过得越来越舒适、红火。改革开放以来，许多疍民开始使用机械化渔船，在船上安装了先进的生产设备，从事捕捞、采珠等渔业生产活动。疍民还利用海边自然地理优势，从事起了水产养殖。

时移世易，疍家人也与时俱进，呈现出了新的风貌。只有那漂泊海上的疍家船艇，还在诉说着疍民的艰辛和传奇，保留着疍民文化的流风遗韵，凝结一个族群的自我认同。

新疍民

身着异服，肩挑重担——
惠安女

福建惠安县的惠东半岛，山清水秀，石岩玲珑。这里曾是海上丝绸之路的起点，船队从这里扬帆。惠安女是地地道道的汉族女子，却穿着传承许久的奇异服装；看似柔弱的身躯，却能挑起整个家庭的重担；她们鲜艳美丽，却任劳任怨。时光为贤德加冕，她们已成为闽南女性的传奇。

惠东半岛位于福建省泉州市惠安县东部，介于泉州湾和湄洲湾之间，三面环海，分布着崇武、涂寨、山霞、小岞四个沿海村镇，是惠安女的主要聚居地。弘一法师曾赞叹此处"山石玲珑，世所罕见，民风古朴，犹存千年来之装饰，有如世外桃源"。沙滩、石岩、惠安女，构成了这如世外桃源般的美好天地。

崇武海岸被誉为"中国八大最美海岸线"之一，漫长的海岸线上分布着大大小小12处沙湾。海滩沙质细腻，在阳光的照射下，雪白晶莹，每当风平浪静，浪花轻触海滩，几星鸥鹭、三五船帆点缀在明镜一般的海面之上，观之令人心驰神摇；而大浪涌来时分，那惊涛拍岸、卷起千堆雪的景象更令人感叹大自然的造化。而在洁白沙滩的映衬下，衣着俏丽的惠安女才是海岸线上最亮丽的风景。

《嘉庆惠安县志》中的惠安县山川城池图

对于这座半岛来说，石头就是她的灵魂。崇武古城全部用白色花岗岩石垒成，筑起一套完整的军事防御工程体系。数百年来，古城凭借天然的屏障和牢固的石墙，历经血与火的洗礼。此外，近海花岗岩群迭峰垒石，磊落万状，成就了闻名中外的惠安石雕。灵巧的惠安女能雕狮子，会刻美

崇武古城

人像，雕刻出了一件件精美的石头艺术品。

　　大海和石岩，构成了整个半岛的主要生态环境，它们一个柔软，一个坚硬，异常和谐。在这里生活的惠安女，有大海般的柔和婉丽，也有石岩般的坚定刚强，她们是海与石的女儿。

惠安女——海与石的女儿

佩戴银腰带的惠安女

奇特的传统装束

惠安女的装束，被视为中国传统服饰精华的一部分，有些不同寻常，在当地却自然而然。金黄斗笠束发裹巾，素色紧身上衣不及脐，深色纱裤宽大似裙，娇艳花饰簇满胸前，以古老部落的银饰约束柔软的腰肢，人们戏称之为"封建头，民主肚，节约衫，浪费裤"。

"封建头"。惠安地处沿海，海边天气变化多端，山风海风常起，因此聪慧的惠安女常年使用头巾和斗笠来阻挡伤人容颜的风沙与骄阳。这样一来，人们就很难看清她们的真面目，也就是所谓的"封建头"。头巾，是惠安女的重要装饰，一般是白底绿花、蓝花，或是绿底、蓝底白花，花色不受限制；将四边形折成三角形包系在头上，有防风沙、御寒、保暖和保护发型等作用。黄斗笠，是在竹编上涂黄漆，覆于头巾之上的帽子。部分村落的惠安女会在尖头位置贴四片红色的三角形棕片，并配以绿色的纽扣，十分美观。一年四季，惠安女一出家门就要戴上这种帽子，以防雨淋日晒。

"民主肚"。因为惠安女上衣短得出奇，连肚脐都遮不住，人们称这种奔放的打扮为"民主肚"。关于惠安女袒露肚皮还有个传说。有一次，皇帝南巡路过此地，地方官吏为了显示其辖地庶民百姓十分富足，下令家家户户打制银腰带系于女人裤腰上，并且缩短上衣以便让银腰带显露出来。此后，佩戴银腰带就作为一种富足的象征流传下来。银腰带是已婚女人才能佩戴的饰物，链子从五股到十一股不等，依家庭财力和个人喜好而定，挂扣多为鱼的形状，与蓝色短上衣、黑色宽筒裤在款式上、色彩上相协调，既美观大方，又具有实用价值，耐海水腐蚀、不生锈、结实牢固，是具有海洋特色的装饰品。未婚惠安女则会在裤腰上扎两条自己精心用红或黄色的线编织而成的裤带，显得俏丽可爱。

"节约衫"。惠安女上衣窄而短小。一般选用海蓝色棉布制成，左衽斜开襟，在胸前斜门襟上和袖口处饰有花纹图案。上衣从肩、胸处紧收，袖管窄小，与现代服饰的八分袖类似，衣服下摆略显宽松，衣襟短小而露出肚脐，显示出女性柔和婀娜的曲线美。惠安女之所以采取这种款式和选择这种长度，主要是为了适应下海和在滩上劳作的需要。如果衣襟衣袖太长，弯腰在海面和海滩上劳作时，海水容易打湿和弄脏衣襟和衣袖，而且衣襟衣袖短小人干起活来也利落。

"浪费裤"。惠安女裤子多选用土黑色丝绸制作，裤管特别宽大，裤长至脚踝，裤脚呈喇叭状。这也是劳动的结晶：宽裆宽裤腿方便下海劳作，

陈立德作品《蟳埔女》

不怕被海水浸湿和被滩涂弄脏，采用丝绸布料制作是因易吹干和晾干。

惠安女是半岛上的亮丽风景，金黄色斗笠、花色头巾、蓝色上衣、黑色纱裤，与碧海蓝天、沙滩礁石交相辉映，形成闽南沿海的一大奇观，与蟳埔女、湄洲女并称"福建三大渔女"。

同样居于福建东南沿海的蟳埔女，在衣饰风格上可与惠安女相媲美。蟳埔女的上衣是藏青色或蓝色斜襟掩胸的大裾衫，裾是圆形，衫不露脐，腰

不系饰；裤子都是清一色黑色大筒裤。蟳埔女发饰也很特别，头发梳成一束盘到脑后，绾成一个圆髻，中间再插一根类似筷子的横叉加以固定，并将花苞或花朵用麻丝串成碗口大小的花环，簪戴在绾髻四周，俗称"簪花围"。平时只围一两环就够，每遇喜事时则围上四五环之多，有的还可再选几朵美丽的鲜花插在头髻上，使整个头髻花团锦簇，美丽而芬芳，被称为"头顶上流动的小花园"。

无论是惠安女还是蟳埔女，她们都用勤劳与美丽写就了渔家的历史，用双肩托起了渔家的希望，用鲜亮的色彩装点了渔家的生活。

母系社会的遗俗

惠安女的婚俗非常奇特，这在电影《寡妇村》《双镯》中有所展示，看上去令人难以理解和接受。她们独特的婚嫁风俗已延续千年，被认为是母系社会到父系社会过渡期的遗俗。过去多数惠安女都按习俗订"娃娃亲"，在出生后不久即由家人包办订婚，还有"长住娘家"的习俗。

婚嫁当天，新娘由几位长辈梳妆打扮。另外，新娘要身着黑色衣裤——当地人称其为黑凤凰衣，迈过火炉走出娘家的祖屋。娘家的亲朋好友陪送新娘到男方家，男方并不派人前去迎接。据说新婚第一夜，新娘只能站在床边过夜，结婚三天以后就要回娘家长住，直到这一年的除夕夜，丈夫才可以将妻子接回家住一个晚上，第二天又必须把妻子送还娘家。此后，只有等到较大的传统节日来到时，丈夫方可将妻子接回小住一到二日，如此反复，直到妻子生了孩子，方可长住婆家与丈夫共同生活。

这种婚俗的形成，有深层的生产因素和家庭因素。传统的渔民家庭，男人长期在外出海捕鱼，家中大大小小的事情都落在了女人的身上，因缺乏劳动力，只好把出嫁的女儿长留在娘家。

惠安女"长住娘家"的习俗，与"娃娃亲"婚俗有着莫大的关系。据当地人说，过去这里的童婚现象十分严重，十三四岁的孩子成婚后根本无法承担家庭责任，所以只好采取这种折中的办法。

时移世易，之前的婚俗现已基本消失，如今的惠安女过着和世人一样的

惠安女

家庭生活，享受着婚姻的幸福与甜蜜。

刚柔并蓄的品性

而今来到惠安的海边乡间，仍可以看到惠安女靓丽的身影。虽然年轻一代大多已经脱下传统的服饰，穿上新时代的衣服，但年长一代仍然一如既往，碎花头巾大纱裤，细心地在脑后戴着绢花。她们或在家门口纳线洗作，或手提肩挑而过，衣饰明媚，笑靥如花。

惠安女以吃苦耐劳闻名于世，世代生活在海边的她们善家务又多才艺，不管是下海、耕田，还是雕石、经商，样样出色。惠安的男子多出外谋生或出海打鱼，生活的重担便落在了惠安女身上，将她们原本柔弱的身骨磨得坚硬。当地的木屐舞、草帽舞，以惠安女的日常劳动生活为原型，展示着惠安女的别样风采。

人们习惯称赞女子如水，女人的智慧和灵气都近于水。惠安女却更多了一层石质的坚硬和沉稳，有着一种执着坚定的气概。在这里，海和石看似矛盾却异常和谐，一如惠安女的抗争与追求，两种本是对立的物质却创

造出新的美感，坚定而婉丽，刚强又
柔和。正是这独特的惠安女，照亮了
闽南海边美丽的风景。

惠安女

飞鱼部落，热带风情——
达悟族

兰屿，台湾本岛第二大附属岛屿，是西太平洋上的一颗璀璨明珠。遍岛的蝴蝶兰，赋予这座小岛以"兰屿"这样别致的名称。椰风蕉雨，热带风情，这里是专属于达悟人的海上天堂。飞鱼不仅是他们的食物，也是这个海洋部落独特的文化符号。吃着简单的食物，过着本真的生活，达悟人世代恪守着与大海的约定，深深懂得与大海的相处之道。

兰屿是座古老的火山岛，位于台湾省东南方向，西邻台东，与台湾本岛相距70多千米，全岛面积约45平方千米，与鼓浪屿、江心屿和东门屿并称"中国四大名屿"。兰屿全岛共有9座山峰，最高峰为红头山，旭日东升，大地映红，景色绚丽，故又称"红头屿"。因红头屿盛产名贵稀有的蝴蝶兰，在1947年更名为兰屿。

岛上多山且山势陡峻，山中多溪流，在山麓沿溪之处往往形成冲积扇缓坡地带，山溪入海处则形成沙滩。

兰屿的海边

这些缓坡不仅水源充足，而且便于渔船出入海岸，适合聚落定居。一个只有4000余人的带有神秘色彩的海洋部落——达悟族，世代在此聚居生息。

"达悟"是达悟族的自称，意为"我们""我们这些人"。"雅美"是日本殖民统治台湾时对他们的称呼，20世纪90年代正式更名为达悟族。达悟人的祖先于数世纪前移居兰屿。关于他们的来历，众说纷纭，带有浓厚的神话传说色彩。达悟人自认为他们分别来自于"石头"和"竹子"，两方互相通婚，哺育出健康的达悟人后代。但绝大多数学者认为，达悟人主要来自菲律宾的巴丹群岛。

达悟族分为红头、渔人、椰油、东清、朗岛、野银6个部落，没有部落领袖，人人平等，生活中自有一套族群相安的习俗。兰屿四面环海，达悟族遗世独立。他们的文化习俗，与其他先住民相比，有明显的差异。他们是先住民中唯一不酿酒、不用弓箭、没有文面文身的族群。蓝天、碧海、绿树是兰屿的写照，飞鱼、拼板舟、歌会构成了达悟族的海洋文化符号。

飞鱼，神赐的礼物

在达悟传说中，飞鱼是天神赐予的神圣的礼物，既能在海里生活，又能在空中游弋。飞鱼不仅是达悟人的首要食物，也是他们的精神信仰，达悟人的生活重心围绕着捕捞飞鱼展开，飞鱼季是达悟人一年中最忙碌的日子。

飞鱼鱼汛时，飞鱼群逐太平洋黑潮而来，后面尾随着捕食飞鱼的鬼头刀、鲔鱼等大型鱼群，给达悟人带来丰沛的食物。达悟人世代遵守着与海洋的约定，在飞鱼季节不捕食飞鱼以外的其他鱼类，在其他季节不捕食飞鱼，这既是遵循洄游鱼类的季节性规律，也有以此来维持海洋生态平衡的意义。

飞鱼，顾名思义，是一种会"飞"的鱼类。为了躲避天敌，飞鱼进化出了一种独特能力，能通过快速摆动尾部产生巨大的推动力而冲出水面开启滑翔模式。飞鱼的胸鳍特别发达，张开有如双翼，能在水面飞跃数十米远，甚至在空中滑翔四五十秒钟。飞鱼的鳞片大而薄，胸鳍半透明。当飞鱼成群结队在海面上御风而行时，片片鱼

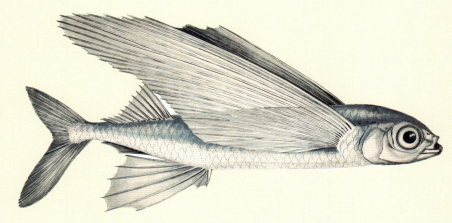

飞鱼

鳞反射着阳光，灿烂而耀眼。

　　飞鱼这种美好而神奇的海洋生物，解决了达悟人的食物问题。捕鱼以及围绕飞鱼举行的一系列祭典也成为达悟人的年中盛事。每年3月至6月，达悟人都会举行飞鱼祭。为祈求造物者赐予达悟人丰厚的食物，自大船招鱼祭揭开捕捞飞鱼的序幕后，大船初获鱼祭、渔组共宿成员返家祭、小船昼渔祭、飞鱼终了祭、飞鱼收藏祭、飞鱼终食祭等祭祀仪式便相继展开。这些和飞鱼有关的祭典被统称为"飞鱼祭"。

　　飞鱼祭作为达悟人最庄严隆重的

祭祀仪式，在黎明时举行。当日，太阳还未完全跃出海面，一艘艘绘有神秘图案的拼板舟停放在海滩，参加庆典的人围拢在四周，由一长者主祭，祈求神护佑平安和飞鱼丰收。祭祀完毕，达悟男人就划着拼板舟出海捕捉飞鱼。捕捉飞鱼也可以在晚上进行，达悟人在渔船中点着火把，将挂网放入海中，飞鱼寻光而至，相继跃入网中。收网捕捉飞鱼的过程，宛若一场舞蹈。每艘拼板舟，一个晚上可捕到三五十条飞鱼。整个飞鱼季节，全岛可捕获飞鱼百万斤之多。

　　渔船归来后，岸上的壮丁们蜂拥

着帮忙把船推上海滩，妇女孩子则忙着收鱼、剖鱼、晒鱼干。飞鱼干的加工过程并不复杂，简单处理后暴晒三日即成美食。这些充足的美味食物，可满足达悟人一年食用。倘若在飞鱼季节来到兰屿，便可看到他们围坐在凉台之上，慢慢嚼着飞鱼干，享受着丰收的喜悦。

飞鱼干

拼板舟，传统的捕捞工具

兰屿四处汪洋，达悟人专注于海洋。对他们而言，海洋的意义高于陆地。他们是飞鱼的部落，更是海洋的子民。捕鱼，是专属于达悟男人的工作，捕鱼技术的优劣直接关系到他们在族内的地位高低。工欲善其事，必先利其器。终日出没于风波中的达悟人，创造出了实用性和艺术性兼具的拼板舟。

拼板舟是达悟人最重要的捕捞工具，从设计到选树，从拼合到刨削，都有严格的规定。飞鱼季结束后，达悟人就开始修葺或建造自己的渔船。船分大小两种，大船由同一家族的男性集体建造，有6人、8人、10人座之别，家族成员共同从事捕捞作业和分配收获物。小船一般乘坐1～3人，由船主独自建造完成。整只渔船由21～27块木板拼合而成。约12种木材依其性质的不同，使用于船的不同部位，越接近船底部越使用坚实的木材。整艘船要使用3000多枚木钉来将船板楔合，再用木棉和根浆填塞，以防有漏隙。船体表面还会用刀子刨削，非常光滑。

一艘拼板舟从选材到完成，一般需耗时3年，也有的是独立完成，制作达10年以上，达悟人对船的重视由

拼板舟上的刻纹

此可见一斑。除了强调造型、性能、安全结构外，达悟人的拼板舟对刻纹也特别讲究。他们在船体外部细加雕琢，刻上各种纹饰。每艘船上的图案都不尽相同。船首处刻上人形纹，这是家族英雄的标志，也是各家族的徽号。船首还有齿轮状铁心图的眼睛纹饰，达悟人称之为"马旦塔它拉"，象征"船之眼"，用来庇佑出海平安。船腹两侧雕上上下左右对称的山羊纹、玛瑙纹、银盔纹、波浪纹等，这些都来源于达悟人的日常生活。各式古朴粗犷的刻纹充分显现了达悟人的艺术天赋。

每个达悟族男人的一生中必须要制作一艘拼板舟，这是他们的骄傲。拼板舟完工后，通常会在每年的招鱼祭之前举行盛大的下水祭。船主首先要在大船下水前三天采收到足以覆盖整艘新船的芋头，同时环岛邀请亲友和其他部落的客人。整个典礼一共持续两天，始终洋溢着喜庆欢乐的气氛。第一天早上，村民帮助将芋头堆满整艘船，下午所有的宾客盛装前来祝贺，齐聚在船主家，颂赞和酬答的礼歌相互唱和，通宵达旦。第二天早上，船主分赠芋头、猪肉给所有的亲友和客人，然后和青年们穿着丁字裤，在大船四周举行驱逐恶灵的仪式，再抬起

船首驱邪招好运的雕刻饰物

大船，向天空抛掷数次。其后，青年们抬着船走向大海，途中反复驱逐恶灵，直到新船下水，在海上首航，下水典礼才算圆满完成。

达悟人用黑炭、红土、贝壳制作黑、红、白三色染料为拼板舟上色，这三种美丽的颜色为碧海蓝天增色添彩。达悟人驾着拼板舟游弋在海洋之上，他们是大海之子，也是太平洋上逐浪起舞的精灵。

歌舞，情感的表达

拍打肢体、鼓掌助兴，是人类最原始的表达情感方式，也是歌舞的原点。达悟人千百年来歌舞不歇，世代传唱，至今仍传承着原生态的歌舞表现形式。他们没有乐器，仅以胸腔、咽喉发出自由变化的声音，拍手附和，以最纯粹的声音表达最真挚的情感。女人的头发舞、男人的勇士精神舞，

达悟族歌舞表演

都是将生活演绎成舞蹈。他们用舞蹈展示带有海洋韵味的浪漫生活。

在传统达悟人的生活中，舞蹈一般只限于女性，而且只在月夜举行。女性的舞蹈以头发舞最为有名。当女人们结伴来到海滨或是空地，只要其中一人带头，其他人随即跟进，从寥寥数人逐次增加。她们或面对面排成两排，或围成一个圆圈，彼此勾住手臂后双手交叉于胸前，双脚直立，弯腰，将长发向前或左右抛出，头发一触及地面，便赶快挺身抬头将头发往后甩，随着女人们此起彼落的动作，长发如浪花般飞扬，这是终日与海为伴的达悟族女性最美丽的展现。

勇士精神舞是达悟男人的舞蹈，呈现的是达悟勇士的精神，在舞蹈中体现出力与美的结合。达悟男人穿着部落传统服饰丁字裤进行舞蹈，除了牵手踏步的英勇步伐之外，也包含一连串生活劳动的动作，如撒网捕鱼、收网、整理网具、模仿飞鱼飞行、轻松回航、满载而归等。

歌舞是达悟人与天神沟通的基本方式，浑厚的声音、独特的舞姿传达着他们对于生活的美好期盼。达悟人用歌舞装点了生活，赞美了生活。

达悟人表演头发舞

悍勇无畏，纵横大洋——南岛语族

2010年，一艘重达4吨、长15米、宽7米的仿古独木舟，从太平洋上的大溪地出发，历经20000多千米，抵达拥有大量"南岛语族"史前遗迹的福建。这场由法属波利尼西亚独木舟协会发起的"寻根之路"活动中，南岛语族的后代沿着先民当年从中国东南沿海迁徙至太平洋诸岛屿的路线，反向航行，回到起源地"寻根"。这让世人的目光重新聚焦于南岛语族这个"海洋部落"。

在西方大航海时代到来以前，在世界第一大洋之上，早就活跃着一个古老而伟大的航海民族——南岛语族。他们是一群说着相似语言的庞大族群，以原始的舟筏，发现辽阔海域上的一个个岛屿，并登岛定居繁衍，不断创造着奇迹。

在"地理大发现"时代，驶入太平洋的西方航海家惊异地发现，几乎

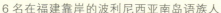
6名在福建靠岸的波利尼西亚南岛语族人

南岛语族大致分布范围

每处岛屿都有人类居住的痕迹，并且相隔极远的岛屿上存在着类似的语言和文化特征，令人震撼！

南岛语族是现今世界上唯一主要分布在岛屿上的复杂民族群体，他们所使用的语言为南岛语系（有1000多种语言）。南岛语族的地理分布，东自南美洲西面的复活节岛，西到非洲外海的马达加斯加，北界为我国台湾，南界至大洋洲的新西兰，其主要居住地区有我国台湾、马来西亚、印度尼西亚、菲律宾及新几内亚以东的太平洋岛屿。整个语族分布广阔，东西延伸的距离超过地球赤道的一半，总人口数大约2.7亿。

共通的文化特质

辽阔的分布海域，庞大的族群人口，有一种共通的语言文化特质将他们紧密联系在一起，这就是南岛语。南岛语族从语言学上来定义，就是指说马来—波利尼西亚语系即南岛语系的族群。1706年，荷兰人莱兰特最早发现了南岛诸语言的亲属关系。19世纪末，德国学者施密特将之命名为南岛语。今南岛语一般按地域分为印度尼西亚、波利尼西亚、美拉尼西亚、密克罗尼西亚4个语族。这个语系由太平洋上各大小岛屿的语言以及亚洲大陆东南端的中南半岛和印度洋上一些岛屿的语言组成，各个岛屿在语言表达上具有一致性，可以用同一种语言进行简单交流。

除了语言，南岛语族在某些生活习俗上也保持着一致性：他们的操舟技术很精湛，普遍使用独木舟，潜水技术也很优秀，高超的航海技术是他们进行海洋活动的基础；生产上，大多以捕鱼为生，农业也比较发达，普遍种植稻米、甘蔗等作物；信仰上，他们普遍认为"万物有灵"，认为"灵魂栖于头颅中"，这也让他们曾经演化出一些在现代文明看来显得非常野蛮和凶残的习俗，如猎首、食人等。而他们也曾遭到过殖民者的血腥镇压和杀害。

独特的树皮布文化

在南岛语族文明中，最具代表性的是树皮布文化。这种树皮布技艺是族群重要的文化特质，且与生活息息相关。树皮布的制造主要采用树皮内层打造，多以构树或面包树为原材料。制作工具也比较简单，有取皮刀、打棒（石质、木质或复合材质）、木砧和印模等，其中石质的打棒——石拍是树皮布文化的标志。所谓石拍，其实就是有槽打棒，是制作树皮衣最主要的工具，用石拍的沟槽面拍打树皮，有松开树皮纤维的作用，并可清除不必要的杂质。经过多次拍打、晾晒等

用树皮布制作的树皮衣

程序，一块洁白的树皮布就做好了。树皮布有着多方面的用途，不仅可以制衣蔽体，随着时间的演进，还有了祭祀、生命礼仪和交换等意义或功能，在有些地区已开发为观光旅游项目。如今，在太平洋区域仍有部分岛屿传承着精湛的树皮布制作工艺。

南岛语族同根同源

不仅如此，有大量的研究和考古发现证明南岛语族同根同源。早在几千年前，生活在中国南方一带的百越人借助风力向外漂流，他们先来到台湾，再由台湾向东、向南扩散，开始了历时长久的大迁移。如今在台湾仍有现存的南岛语族，即原住民中的高山族和平埔族等。

在漫长的岁月里，在茫茫的征途中，他们历经了冰河世纪的气候巨变以及海平面的大幅变动等，经过无数次的探索和对极限的挑战，终于在公元前4000年左右完成了人类历史上独一无二的一次壮举，进驻太平洋这个世界上最大洋面的中心，逐岛繁衍生存，定居在距离亚洲和中美洲20000多千米的岛屿上。南岛语族的祖先向太平洋地区的扩散，是哥伦布发现美洲之前人类历史上最伟大的海上移民。

如今，尽管南岛语族早已抛弃那些原始习俗，但他们对于祖先的行为依旧葆有尊敬，因为那代表着悍勇、无畏。

华南之舟

国之南疆，渔之重彩
琼粤篇

琼粤，地处国之南疆，浓郁的民族风情和动人的南国情调，渗透在这些海洋部落之中。这里有我国唯一的海洋民族——京族，他们用京语与海神沟通，用歌舞祷祝太平，演化出独具民族风情的海洋文化；这里也有澳门特别行政区最早的建设者——澳门渔民，千百年间传承着祖辈传统习俗，展示出澳门独特的文化魅力；这里还有位于海南"鱼米之乡"的临高渔民，他们世代生活在这片热土上，传唱着优美婉转的"哩哩美"渔歌，丰富着独特而传奇的海岛文化。

唱哈对歌，鲶汁飘香——
京族

京族，我国唯一的海洋民族，亦是富裕的少数民族，在历史流变中凝炼出独特的民族文化性格。他们用京族语言与海神沟通，用歌舞祷祝太平，演化出独具风情的海洋文化气韵。

京族主要聚居于广西东兴市北部湾畔的巫头、山心、万尾三个岛屿上，人口约两万人，是以渔业经济为主的海洋少数民族。古朴浓郁的民族风情、浩博豪放的海洋文化以及奇特动人的南国情调，始终伴随着这个少数民族。

京族三岛，是一块"冬季草不枯，非春也开花，季季鱼泛鳞，果实满枝丫"的宝地，背倚桂南十万大山，与越南仅一水之隔，鸡犬相闻，涉水可渡。三岛原先是由海水冲积而成的三个独立的沙岛，20世纪50年代，当地居民自发组织起来围海造田，用大量的土石填海，将原先独立的岛屿连接起来，造出一片半岛。三岛风景秀美，闻名天下的金滩就位于万尾岛南部，绵延13千米，因沙子呈金黄色而得名。这里沙细水清、风轻浪静、阳光明媚，是一片美好而宁静的土地。

辽阔南海

114

"因为打鱼过春，跟踪鱼群到巫岛。巫岛海上鱼虾多，落脚定居过生活。京族祖先在海边，独居沙岛水四面。"这首京族民歌讲述了京族的起源和迁移。据传，大约500年前，京族的祖先在越南以捕鱼为生，他们在北部湾追捕鱼群时，来到了巫头岛，发现这里水深鱼多，且温暖如春，便在这儿定居下来，成为岛上最早的拓荒者。此后，逐渐从巫头岛迁到万尾岛、山心岛、潭吉村等地。新中国成立初期，他们被称为"越族"。1958年，按民族意愿，经周恩来总理批示和国务院批准，正式定名为"京族"，有"心向北京"之意。

数百年间，勤劳爱国、善良智慧的京族人民不畏艰辛，为开发祖国的海疆和巩固南海的海防做出了不可磨灭的贡献。过去，他们常年搏击风浪，虽能靠海洋捕捞所获维持生存，却摆脱不了"人住小矮屋，一天两餐粥"的贫苦生活。如今，他们开展海洋捕捞、海产加工、边境贸易、滨海旅游等海洋产业，已成为我国富裕的少数民族。生活水平的提高，改变不了京族人深入血脉的海洋情怀，他们保留传承着古老的渔作方式，向世人推广

着京族海味美食，用独弦琴弹奏出大海的万般风情。

拉大网，踩高跷

京族人靠海而居，捕鱼自然也就成了他们的主要生活。这里的海滩、村寨，给人的第一印象是渔具种类繁多。渔具之多，分工之细，形成了京族发达的渔业文化。拉网作业、高跷捕鱼，是京族人在长期的生产实践中总结出的捕捞鱼虾方法。这种实用性创造，整合了部族的劳动文化与生存环境，满足了人们对生活的需求。

拉大网，是京族从事海洋捕捞最常见的一种浅海作业方式。金滩波平浪静，没有淤泥，十分适合拉大网，一年四季都可以作业。拉网有大小之分，大的拉网高3米，长400米，整幅网身由6张缯网缀连而成，网眼小而密；小的拉网由4张缯网组成，网眼大而疏，网长300米，中间高约3米，两端高2米，略成桃叶状。操作时，前者需要三四十人，后者需要二三十人。撒网时，一般由叫"网头"的人探察海域、观测鱼情，选择作业地点；然后，由参加拉网的人把网拉到竹筏

或者小艇上，先固定一头，再由"网头"驾艇划向海里，将网慢慢放开，由滩边向海面围成一个半月形的大包围圈；接着，操网者分为两组，各执网纲一头，"鱼梆一响，网带上腰"，合力慢慢地往岸上收拉；最后，在拉拽的过程中，两组人一边拉一边徐徐靠拢，网拉靠岸之时，就可把被围困在大网内的鱼、虾、蟹等聚拢捞起，通常一网能收获 200 公斤左右的海货。拉网不分男女，从撒网到收网一般需

要五六个小时，众人必须齐心协力才能大有收获，充分体现出了"团结就是力量"。更有趣的是，拉大网时京族姑娘一般都是头戴斗笠，用手绢把脸面遮挡着，只露出两只眼睛，有"手绢遮面半神仙"的韵味。她们系上网带往后拉的时候，一步一退，一边对歌，一边谈天说地，别有风趣。

京族拉大网还有"寄赖"的习俗，就是"沾光"的意思，这是一种见者有份的劳动成果分享方式。大网撒下

渔民"拉大网"

去，鱼打上来，谁来到现场都可以顺手拿走几条，不但不会受到任何人的责备，拉大网的人反而会因鱼虾有人分享而觉得很高兴。渔船满载归来时，只要想吃海味，村民都可以前去"寄赖"几条鲜鱼回家。船主人和伙计就从船舱里随手把鱼虾一抓，塞进村民的背篓或竹筐里。得了鱼虾的村民，连声道谢，欢喜地上岸归家去了。据说，"寄赖"寓意着"丰收"和"幸福"，"寄赖"愈多，意味着收成愈丰，年景愈好。京家人认为，"寄赖"是一种光彩，与人分享，其乐融融。

高跷捕鱼，也是京族人在长期的生产实践中总结出的捕捞鱼虾方法。在京族三岛浅海一带，鱼虾一般在一两米深的海域活动，如何才能捕捞呢？京族人总结出了在腿上绑高跷的做法，这就是高跷捕鱼。当鱼虾到浅海洄游时，正是踩高跷捕鱼的黄金季节。下海前，渔民先把一对高跷固定在双脚上，然后站起来，肩扛一把专用大捞绞，向浅海走去。当走到海水齐腰深处时，就可以作业了：先把捞绞放入水中，触到沙面，然后沿着沙滩快速平行前进，适时把捞绞起出水面，鱼虾就留在捞绞里面了。京族的

高跷木脚很长，渔民还要拿着硕大的网，行进在海里劳作，难度和强度都很大，一般人难以胜任。高跷捕鱼是京族祖祖辈辈传承下来的传统捕捞方式，尽管如今已是机械捕捞时代，一些京族渔民仍然热衷于这种捕捞作业方式。

京族人特殊的生活环境，造就了他们以海为家、以海为业的生活习性。世代以捕鱼为生、伴着潮起潮落生生不息的京族人，在大海的风浪里，顺其自然地演绎着他们的蓝色生存哲学——靠海吃海。

高跷捕鱼

千汁万汁，不如鲶汁

生活在海边的京族人，日常饮食中必不可少的自然是鱼虾等海产品。手巧心细的京族人用身边的海洋食材，烹出一道道令人垂涎的海鲜大餐。京族人最喜爱鲶汁，餐餐不离。鲶汁是他们最引以为傲的美味。除此之外，风吹饼、米乙也是京族人特有的美食。

鲶汁，在市场上一般叫鱼露，用各种鱼腌制而成，是京族的传统调味品。每年 3 至 6 月间，京族人几乎家家腌制鲶汁。其制作方法简单而讲究：在一个洗净的大瓦缸内底垫上稻草和沙包当过滤层，过滤层下的缸底脚边凿一小孔，安装上导汁管和塞子，将清洗好的鲶鱼（其他小鱼也可）及盐相互间隔，一层一层地铺在缸里。缸装满后，上压重石，加盖密封就开始腌制。腌制时间可长可短，短的几周，长的可等上一年。腌制完成就可以食用了，打开漏管，鲶汁不断流出，颜色金黄带红，香气四溢。

待到漏管中已流不出鲶汁，"头漏汁"便告取尽，一般 100 斤鱼能够酿出 30 斤左右的"头漏汁"。取尽后向缸内再添加冷却的盐开水，过数日接取"二漏汁"，最后压滤"三漏汁"。就其质量来说，一次不如一次。因而头漏汁、二漏汁多在东南亚各国以及国内市场销售，三漏汁通常自家食用。即便是三漏汁，也会使初尝者赞不绝口，回味生津。俗语说"千汁万汁，不如京家鲶汁"，做汤时加些鲶汁，汤味鲜美；吃肉时蘸以鲶汁，入口清香。

风吹饼，香脆爽口，是京族人喜爱的美食之一。京族人多是早上 6 点就起来泡米，泡足一个小时后，就开始打米浆。米浆打好，舀一勺铺开在大锅里的布面上蒸制，竹盖起落间，一张张饼由稀糊凝结出筋骨，柔韧晶莹。将饼皮拿到户外的竹篾架上晾干，再将其放入锅内，浇上一层饱含芝麻的米浆后蒸熟，再晾干。最后，将饼皮放在炭火上烘烤，受热的部位由原来的透明色渐变成乳白色，薄薄的身材也膨胀起来，在噼啪的响声中，米香飘满房间。风吹饼烘烤后重量更轻，风吹即起，故名"风吹饼"。

米乙，类似米团或糍粑。制作米乙的原料和方法与风吹饼大致相同，区别在于米乙不需要烘烤。京族人也爱将刚刚蒸熟的米乙切成细条后晾干存放，称为米乙丝。米乙丝浸泡后，搭配海鲜，无论是煮是炒，口感均爽滑而鲜香，风味独特而浓郁。

鲜香的鲶汁，香脆的风吹饼，爽滑的米乙……京族人爱美食，更热爱生活，热爱他们生存繁衍的这片海域。他们接受大海的馈赠，把日子过得有滋有味。

唱哈节，载歌舞

唱哈节是京族人最隆重的传统节日，也叫哈节。在京语中，哈的意思是唱歌，唱哈节就是京族的唱歌节。过节日期因地而异，有农历六月初十、农历八月初十等。每逢唱哈节，京族人就会穿上最漂亮最隆重的民族服装，载歌载舞，通宵达旦。他们用歌声表达情感，享受节日的欢愉。

京族三岛与唱哈节根源互通，密不可分，京族人对此寄托了崇敬与愿望，乃至化作美丽动人的传说。传说，京族三岛原是一片茫茫大海，水美鱼肥，吸引方圆百里的人前来打鱼。久而久之，人船穿梭，繁忙无比。不知什么时候，北部湾岸上的白龙岭来了一只蜈蚣精，逼着所有路过此地的船只必须献出一个活人给它吃，否则就会兴风作浪，把船只掀翻。有一天，镇海大仙云游至此，获悉这一情况，便化作乞丐，搭船过海。当蜈蚣精又现身作恶时，他就把事先烧得滚烫的大南瓜一下子塞进蜈蚣精口里。蜈蚣精吞下大南瓜后，烫得直打滚，镇海大仙施法将其斩为头、身、尾三段，分别变成巫头岛、山心岛、万尾岛，即"京族三岛"。为了感谢镇海大仙，京族人在岛上修建了"哈亭"供奉他，并举办各种祭祀活动。这一祭典被称为"唱哈节"，一直流传至今。

唱哈节的过程，大致分为迎神、祭神、唱哈、乡饮、送神等几个环节，都十分热闹。其中，"唱哈"是贯穿祭神和乡饮两大板块的主打节目。它的表演形式相对固定，表演角色通常由三人担任：一个"哈哥"即男歌手专门负责操琴演奏，两个"哈妹"即女歌手轮流担任主唱。主唱的"哈妹"站在哈亭中间，手持两块小竹板，边敲边唱，另一个"哈妹"则手持竹制的梆子应和，曲调明快，歌声悠扬，令人赏心悦目。

与唱哈活动相对应的，还有京族传统的"花棍舞""天灯舞""竹杠舞"

天灯舞表演

等舞蹈表演。"花棍舞"由一到两名桃姑（即参与唱哈节祭神献唱的京族妇女）表演，随鼓点舞动花棍，轮指手花、躬身错步、双棍划圈、双手转棍，结束时把花棍抛出，接到花棍者必吉祥、交好运。"天灯舞"，又名"烛光舞"，是一种祭祀舞蹈，由四名桃姑表演，顶头灯、托手灯，由缓而急，祈求海大王保佑人寿年丰，点烛成光，

引领出海捕鱼的亲人平安返航。

哈亭内歌舞升平，哈亭外斗牛、比武、拉大网、踩高跷、弹独弦琴、歌圩等活动也随之拉开，附近的汉族、壮族群众也纷纷赶来赴会。近年来，越南也常会派来代表团参加。2006年，京族唱哈节被列入国家级非物质文化遗产名录。今天的京族唱哈节，已经成为集现代性、广泛性、开放性、兼

容性、娱乐性和国际性为一体的地方大型旅游文化节庆。

优美的舞姿、美妙的歌声，伴随鼓锣竹板等乐器贯穿整个唱哈过程，节日气氛庄严神秘。京族人以此表达对神灵的敬意，祈祷幸福平安的生活。这些舞蹈与海歌无不生动地展现着京族的海洋文化。

唱哈节上的表演

19 世纪澳门一角

海镜濠江，妈祖信仰——
澳门渔民

　　"你可知'MACAU'不是我真姓，我离开你太久了，母亲！但是他们掠去的是我的肉体，你依然保管我内心的灵魂……"由闻一多先生创作的这首《七子之歌·澳门》，是关于澳门大家最耳熟能详的歌曲。这首歌道出了澳门的一段独特过往，唱出了澳门同胞对祖国的深深眷恋。时光穿过千年，当年那个小小的渔村聚落已发展成中国的特别行政区，但历史不会忘记这片土地最早的建设者。

　　澳门，地处南海之滨，珠江三角洲西南端，毗邻广东省，与香港隔海相望。全区由澳门半岛、氹仔岛、路环岛三部分组成，总面积因沿岸填海造陆而一直扩大，目前约33平方千米。

　　早在新石器时代，中国先民就在澳门一带劳动、生息。从秦朝起，澳门成为中国领土，属南海郡。最迟在宋末元初，澳门半岛已形成渔村聚落。16世纪中叶，随着"航海大发现"时代的到来，葡萄牙人到达我国东南沿海一带。1553年，葡萄牙人以"借地晾晒水浸货物"为由，向明朝官员行贿，获准在岛上暂居。自澳门被侵占以来，葡萄牙人在澳门一直拥有特权和特殊地位，但澳门主权仍属于我国明清两朝政府，直至清政府与葡萄牙签订屈辱条约。此后，中国政府和人民从未停止过收回主权的努力。1984年，邓小平提出"一国两制"的方针后，中国与葡萄牙展开谈判。1987年，中葡两国总理在北京签订联合声明：澳门地区是中华人民共和国的领土。1999年12月20日，中国正式恢复对澳门行使主权，实行"一国两制"方针。澳门发展至今，南国的热带风光、传统的庙宇建筑和西方的教堂牌坊交汇相融，已使它成为一个有着多元化独特魅力的城市。

这里的人们靠打鱼为生，也种植农作物补给生活。明代万历年间，这里因盛产蚝（牡蛎）而得名"蚝境"，又因蚝壳内壁光亮如镜，后人将这个名称改为较为文雅的"濠镜"。从这个名称中又引申出濠江、海镜、镜海等一系列别称。澳门最古老的产业是渔业，"澳门"这个名字以及有些街道的名称都与渔业有着重要的历史渊源。在很长的历史时期内，渔业一直是澳门的经济支柱。这片土地上最早的开发者——渔民，对澳门早期的发

近代澳门地图

展做出了重大贡献。岁月流转，他们的生产和生活方式发生了重大改变，但总有一些东西无法抹去，仍在熠熠生辉。

明代万历年间，因盛产蚝（牡蛎），澳门得名"蚝境"

船居，别样的生活方式

澳门地处珠江入海口，渔业资源非常丰富，附近海域浪平水静，近海捕捞具有得天独厚的优势。因此澳门自开埠以来，逐渐成为中国东南沿海渔民的集散地。而随着渔民人数逐年增加，这里也逐渐成为中国东南地区重要的渔港之一。

澳门渔民作为中国沿海渔民的一个重要组成部分，其发展历史源远流长。在这片古老而美丽的土地上，澳门渔民日出而作、日落而息，年复一年，一代又一代地延续下来，传承着自己族群独特的生活和习俗，成为促进澳门社会经济发展的重要群体。

渔船是澳门渔民最主要的生活场所，尤其在新中国成立以前，大多数澳门渔民以船居为主，只有极少数是在海岸边上搭一些木桩作为居所，所以澳门渔民也被称为"水上人家"。这样的生活方式，据史载已有数百年的历史。

澳门渔民有较规律的生产、生活方式。一般而言，渔船在没有出海作业的时候，大都停靠在比较固定的渔港内休息，其间渔民会上岸采办一些必需品，以备下次出海劳作时用，其中包括淡水、果蔬、油、盐、粮食等。

澳门渔民出海劳作的周期，视距陆地远近而定，或十天八天，或半月一月不等，待渔船归来，便向岸上的人们售卖海产品。

长期"寄命波涛间"的海上生活，使得澳门渔民在生产和生活中形成了一套明确的禁忌习俗，他们以近乎虔诚的方式来规避海上风险。渔民妇女生完孩子未满月时，会要求其他非亲属人员回避，不能去打扰。妇女过邻船探访或干其他事情，只能从船边落

澳门渔人码头一角

如今的澳门一角

脚，绝对不许跨过船头尖端的地方，否则会被认为是对神灵不恭，会招致不幸的事情。不仅如此，澳门渔民还有脱鞋进船的习俗，一来说明渔船上很讲究卫生，二来也是登门作客有礼貌的具体表现。

岁月流转，如今的澳门渔民已经移岸上陆，出海时则使用机船代替木船驶向深海，一些传统的禁忌习俗也在城市迅速发展的浪潮中基本消失了。但总有一些东西时光无法抹去，比如说信仰。

126